Teubner Studienbücher Chemie

G. F. Fuhrmann
Allgemeine Toxikologie für Chemiker

Teubner Studienbücher Chemie

Herausgegeben von

Prof. Dr. rer. nat. Christoph Elschenbroich, Marburg
Prof. Dr. rer. nat. Friedrich Hensel, Marburg
Prof. Dr. phil. Henning Hopf, Braunschweig

Die Studienbücher der Reihe Chemie sollen in Form einzelner Bausteine grundlegende und weiterführende Themen aus allen Gebieten der Chemie umfassen. Sie streben nicht die Breite eines Lehrbuchs oder einer umfangreichen Monographie an, sondern sollen den Studenten der Chemie – aber auch den bereits im Berufsleben stehenden Chemiker – kompetent in aktuelle und sich in rascher Entwicklung befindende Gebiete der Chemie einführen. Die Bücher sind zum Gebrauch neben der Vorlesung, aber auch – da sie häufig auf Vorlesungsmanuskripten beruhen – anstelle von Vorlesungen geeignet. Es wird angestrebt, im Laufe der Zeit alle Bereiche der Chemie in derartigen Lehrbüchern vorzustellen. Die Reihe richtet sich auch an Studenten anderer Naturwissenschaften, die an einer exemplarischen Darstellung der Chemie interessiert sind.

Allgemeine Toxikologie für Chemiker

Einführung in die Theoretische Toxikologie

Von Prof. Dr. med. Günter Fred Fuhrmann
Universität Marburg

2., überarbeitete Auflage

B. G. Teubner Stuttgart · Leipzig 1999

Prof. Dr. med. Günter Fred Fuhrmann

Geboren 1952 in Schackensleben. Studium der Medizin in München, Promotion 1960 über Zellelektrophorese. Von 1961 bis 1963 wiss. Mitarbeiter am Max-Planck-Institut für Biochemie, München, Prof. A. Butenandt. Von 1963 bis 1965 Wiss. Assistent am II. Physiologischen Institut der Universität des Saarlandes, Prof. H. Passow. Von 1965 bis 1968 Visiting Assistent Professor in the Departement of Radiation Biology and Atomic Energy Project, The University of Rochester, USA, Prof. A. Rothstein. Von 1968 bis 1977 Oberassistent am Pharmakologischen Institut der Universität Bern, Schweiz, Prof. W. Wilbrandt. 1972 Venia Docendi für Pharmakologie. Seit 1977 Professor für Pharmakologie und Toxikologie der Phillips-Universität Marburg, 1979 Professor für Molekulare Pharmakologie des Membrantransports.

Die Deutsche Bibliothek – CIP-Einheitsaufnahme

Fuhrmann, Günter Fred:
Allgemeine Toxikologie für Chemiker : Einführung in die theoretische Toxikologie / von Günter Fred Fuhrmann. – 2., überarb. Aufl. – Stuttgart : Teubner, 1999
(Teubner-Studienbücher : Chemie)

ISBN 978-3-519-13520-3 ISBN 978-3-322-91177-3 (eBook)
DOI 10.1007/ 978-3-322-91177-3

Vorwort

Dieses Buch ist hervorgegangen aus einer zweistündigen Vorlesung über Toxikologie, die am Fachbereich Chemie der Philipps-Universität Marburg seit 1980 gehalten wird. Es ist das Anliegen dieser kurzgefaßten Einführung in die Allgemeine Toxikologie, dem Chemiker eine Vorstellung zu geben, wie toxische Substanzen auf den menschlichen Körper einwirken können.

Dabei spielt die Natur der körpereigenen Aufnahmeflächen wie Haut, Lungen, Verdauungs- und Darmtrakt, sowie ganz allgemein der Aufbau der Zellmembranen eine bedeutende Rolle. Durch die Einteilung des Menschen in verschiedene Kompartimente können die Bewegungen von toxischen Substanzen in dem offenen dynamischen System des menschlichen Körpers auch mathematisch nachvollzogen werden, wobei die Metabolisierung, Bindung und Ausscheidung des Stoffes von Bedeutung sind. Es wird Wert darauf gelegt, dem Nichtmediziner die wichtigsten Prinzipien der Toxikologie auch ohne eingehende anatomische und physiologische Grundkenntnisse nahezubringen.

Weiterhin sollen insbesondere Chemiker, die sich primär mit der Synthese und der Anwendung von chemischen Substanzen befassen, über die allgemeinen Gesundheitsaspekte sowie über die Elemente der Bewertung der Gesundheitsgefährlichkeit informiert werden.

Für Hinweise und Anregungen während der Abfassung des Manuskripts danke ich sehr herzlich den Herren Priv. Doz. Dr. Wolfgang Legrum, Dr. Hans-Jörg Martin, Priv. Doz. Dr. Eckhard Müller und Professor Dr. Karl Joachim Netter. Herrn Dr. Legrum verdanke ich außerdem viele Anregungen bei der Bildgestaltung. Meinem Sohn Jens Christian, stud. chem., danke ich für das erste Korrekturlesen und für viele gute Tips aus der Sicht des Studenten. Außerdem hat er mir beim Ausarbeiten der Abbildungen geholfen. Beim Erstellen des Stichwortverzeichnisses ist mir Herr Dr. Martin eine große Hilfe gewesen.

Marburg, November 1993

Günter Fred Fuhrmann

Vorwort zur zweiten Auflage

Für die zweite Auflage habe ich viele wertvolle Hinweise und Verbesserungsvorschläge bekommen. Mein ganz besonderer Dank gilt jedoch Herrn Professor Dr. Rudolf Böhm, der mit viel Akribie Korrektur gelesen hat. Weiterhin möchte ich Herrn Professor Dr. Wolfgang Legrum, Herrn Dr. Hans-Jörg Martin, Herrn Professor Dr. Karl Joachim Netter und Herrn Dr. Michael Schween sehr herzlich für ihre Anregungen danken.

Zur besseren Übersicht und zum Rekapitulieren habe ich ein Glossar mit wichtigen toxikologischen Begriffen wie MAK-Wert etc. eingefügt. Die Literaturverweise wurden durch eine Reihe von Neuerscheinungen ergänzt. Außerdem wurde Literatur zum Gefahrstoffrecht aufgeführt.

Marburg, im Herbst 1998

Günter Fred Fuhrmann

Inhaltshaltsverzeichnis

1 Einführung in die Allgemeine Toxikologie

1.1 Geschichte und Grundbegriffe der Toxikologie

Toxikologie ist die Lehre von den Giften. Der Begriff T o x i k o n, τοξικον, stammt aus dem Griechischen und bedeutet das Pfeilgift. Der Pfeil besteht als Wurfgeschoß aus einem hölzernen, ganz gerade gestellten Pfeilschaft und einer am vorderen Ende angebrachten, dreieckigen oder längsovalen Pfeilspitze aus hartem Holz, Horn- oder Knochenstücken, Steinsplittern oder Metall. Häufig wurden die Pfeilspitzen mit einer Reihe pflanzlicher oder tierischer Gifte versehen, welche gewöhnlich schnell und sicher den Tod herbeiführten.

Gegenüber den pflanzlichen Pfeilgiften treten die tierischen an Bedeutung und Zahl zurück. Von letzteren benutzten im Altertum die Skythen verfaultes Menschenblut oder einen Auszug aus halbverwesten Schlangen.

Die Pfeilgifte aus Pflanzen können nach ihren toxischen Wirkungen eingeteilt werden:

Erstens in solche, die örtliche Entzündungen hervorrufen, z.B. *Ranunculus Thora*, dessen Wurzelstock schon die Gallier als Pfeilgifte gebrauchten, außerdem wurde dazu der ätzende Saft von tropischen Wolfsmilchgewächsen und die in Guyana beheimatete Pflanze *Arum venenatum* benutzt.

Zweitens Inhaltsstoffe, die die Atmung lähmen, z.B. der Saft einiger Aconitum-Arten, wie *Aconitum ferox,* ein höchst toxisches indisches Pfeilgift.

Drittens Herzgifte, hierfür gelten z.B. *Antiaris toxicaria*, Upasbaum auf Java und Borneo, mit dem Glykosid *Antiarin*, die in Afrika heimische *Acocanthera* mit dem sehr giftigen Glykosid *Ouabain* sowie *Strophanthus kombé* und *Erythrophleum guinense* der Guineaküste mit dem Alkaloid *Erythrophlein*.

Weiterhin dienen als ausgesprochene Krampfgifte gewisse Strychnos-Arten und der von den Hottentotten benutzte *Haemanthus toxicarius*.

Letztlich ist das den Muskel lähmende Pfeilgift *Curare*, welches von den Indianern Südamerikas benutzt wurde, das wohl bekannteste.

Die Molekularbiologie hat den Rezeptor für das *Curare* am Muskel aufgeklärt. Der Rezeptor bildet in der Muskelzellmembran einen Kanal für Kalium- und Natrium-Ionen, der erst bei der Besetzung mit dem körpereigenen Signalstoff Acetylcholin geöffnet wird und den Ionenfluß mit nachfolgender Muskelkontraktion auslöst. Das *Curare* ist eine Substanz, die mit hoher Affinität anstelle des Acetylcholins den Rezeptor besetzt und verhindert, daß eine Muskelkontraktion ausgelöst wird. Die Folge ist, daß das vom *Curare*-Pfeil getroffene Lebewesen zuerst bewegungsunfähig wird. Nachdem eine vermehrte Speichelsekretion, Kopfschmerzen, Harndrang und Mattigkeit vorangegangen sind, wird zuletzt die Atemmuskulatur vom *Curare* gehemmt. Das Lebewesen erstickt bei vollem Bewußtsein.

Die Substanz, die hier einen grausamen Tod bewirkt, wird in der heutigen Medizin als Medikament eingesetzt. Die modernen Indianer, die Narkoseärzte, stehen im Operationsraum und verabreichen mit einer Spritze dem mechanisch beatmeten Patienten *Curare*, um hiermit eine perfekte Muskelerschlaffung für den Operateur zu erzeugen. Daneben werden noch andere Medikamente verabreicht, die eine Bewußt- und Schmerzlosigkeit bewirken.

Dem für Jagd und für kriegerische Auseinandersetzungen benutzten Pfeilgift, Toxikon, steht die Verwendung solcher und anderer Gifte zum Mord gegenüber. Mord wurde und wird auch heute noch vielfätig durch Gifte praktiziert. In der Zeit um Christi Geburt wurde Mord durch Vergiften nicht als ein kriminelles Delikt angesehen. Gegen die Giftdarreichung bestanden oft wenig Bedenken, weil der Tod dadurch mehr einem natürlichen ähnelte.

Einen tiefsitzenden Eindruck hat die Vergiftung des Sokrates durch das Gift des Schierlings im Jahre 399 vor Christus auf uns gemacht. Der Giftbereiter unterrichtete Sokrates, daß er nach dem Trunk aus dem Schierlingsbecher nichts weiter zu tun habe als herumzugehen, bis die Beine schwer werden, um sich dann hinzulegen. Die heute bekannte toxische Wirkung des Schierlings verursacht - durch seinen Gehalt an den Alkaloiden Coniin und Conydrin unter anderen Giften - eine Lähmung der peripheren Nerven, des Rückenmarks und des Gehirns. Das Stadium der Muskellähmungen gipfelt in dem Angstgefühl der Erstickung, verbunden mit einem Kältegefühl in der Hautdecke. Im Gehirn versagt zusätzlich das Atemzentrum, so daß der Vergiftete erstickt, während das Bewußtsein wie bei Curare bis zuletzt erhalten bleibt.

Besonders gefährdet, vergiftet zu werden, waren die mächtigen Regenten und Eheleute mit reicher Mitgift. Um sich vor einer möglichen Vergiftung mit Nahrungsmitteln zu schützen, wurde ein Vorkoster eingesetzt. Eine andere Vorsorge, sich gegen Gifte immun zu machen, wird von dem König von Pontos, Mithridates Eupator, berichtet. Seine Erfindung bestand in der täglichen Einnahme von 54 verschiedenen Giften in kleinen Mengen, um seinen Körper allgemein unempfindlich gegen Gifte zu machen. Nach seiner Erfindung wird ein universelles A n t i d o t (Gegengift) auch als ein Mithridatium bezeichnet. Der Sage nach konnte der in Gefangenschaft geratene König durch Gifte keinen Selbstmord begehen, so daß ihm ein Leibwächter mit dem Schwert das Leben nehmen mußte.

Im Mittelalter erweitert besonders der Schweizer Arzt aus Einsiedeln, Theophrastus Bombastus von Hohenheim, genannt Paracelsus (1493 - 1541), unsere Vorstellungen über die Giftwirkung. Er verordnete chemisch definierte Substanzen so erfolgreich als Arzneien, daß er aus Mißgunst der Giftmischerei bezichtigt wurde. Seine eigene Verteidigung gegen diese Anklage beantwortete er mit dem zutreffenden, heute noch gültigen Satz:

"Wenn ihr jedes Gift richtig erklären wollet, was ist dann kein Gift?

Alle Dinge sind ein Gift und nichts ist ohne Gift,

nur die Dosis bewirkt, daß ein Ding kein Gift ist".

Für den menschlichen und tierischen Organismus bedeutet dies, daß die bloße Anwesenheit einer potentiell giftigen Substanz nicht notwendigerweise auch zu einer Vergiftung führen muß. Auf die Medizin angewandt gilt, daß jedes Medikament, welches im Überschuß eingenommen wird, auch ein Gift ist. Ein anderer wichtiger Beitrag war sein Buch mit dem Titel "Bergsucht" (1533-1534), das eine ausführliche medizinische Beschreibung von gewerbsmäßigen Vergiftungen bei Bergleuten beinhaltet.

Erst um die Wende zum 19. Jahrhundert entsteht die Toxikologie als eine wissenschaftliche Disziplin in den Händen von Mattieu Joseph Bonaventura Orfila (1787 - 1853), einem spanischen Arzt, der einen Lehrstuhl an der Universität von Paris innehatte. Seine chemischen und biologischen Erkenntnisse über toxische Wirkungen verdankt er vielen Versuchen an Hunden. Orfila definierte die Toxikologie als die Lehre von den Giften und erklärte sie zu einer separaten Disziplin. Außerdem schrieb er ein erstes Lehrbuch der Toxikologie und handelte darin die Gifte nach systematischen Gesichtspunkten ab.

1.2 Definitionen von Toxikologie und Pharmakologie

Die T o x i k o l o g i e wird definiert als die Lehre von den schädlichen Wirkungen chemischer Substanzen auf lebende Organismen.

Der Begriff P h a r m a k o n, φαρμακον, bedeutet von der griechischen etymologischen Wurzel her soviel wie Spruch des Heils- oder aber auch des Schadenszaubers. Eine heidnische Zauberformel zum Heilen eines verrenkten Pferdefußes ist uns in den Merseburger Zaubersprüchen aus dem 10. Jahrhundert überliefert worden:

"ben zi bena - bluot zi bluoda - lid zi geliden sosegelimida sin".

Im Gegensatz zum Toxikon beinhaltet das Pharmakon beides, den Begriff des Heilmittel und des Giftes. Wir gebrauchen jedoch heute vorzugsweise den Ausdruck Pharmakon gleichbedeutend mit Heilmittel oder Medikament.

P h a r m a k o l o g i e ist also die Lehre von den Wirkungen der Heilmittel oder Medikamente auf gesunde und kranke Organismen,

oder allgemeiner abgefaßt:

P h a r m a k o l o g i e ist die Lehre von den Wechselwirkungen zwischen chemischen Substanzen und lebenden Organismen.

Nach der letzten Definition ist auch die Toxikologie nur ein Teilgebiet der Pharmakologie.

Als W i r k s t o f f e bezeichnet man chemische Substanzen, welche in einem lebenden Organismus biologische Wirkungen hervorrufen, die sich als quantitative und qualitative Veränderungen in diesem Organismus zu erkennen geben. Neben den Begriffen Gift und Medikament kennen wir noch den wertfreien Ausdruck Fremdstoff oder X e n o b i o t i k u m (Xenos, griechisch, der Fremde).

Zum Nachweis und zur Analyse von biologischen Wirkungen werden physikalische und chemische Methoden verwendet, die vorwiegend aus den der Pharmakologie und Toxikologie benachbarten Disziplinen wie Biochemie, Physiologie, Mikrobiologie, Morphologie und Pathologie entnommen worden sind. In der Wirkungsanalyse nimmt das Experiment an lebenden Organismen eine Schlüsselstellung ein.

1.2.1 Wirkungscharakteristika

Pharmakologische, xenobiotische und toxische Wirkungen sind durch chemische Substanzen ausgelöste Veränderungen an Organismen. Sie können sich direkt am Ort, der Applikationsstelle, auswirken, dann handelt es sich um eine l o k a l e W i r k u n g, oder erst nach einer Aufnahme in den Organismus und Verteilung in demselben manifest werden, dann spricht man von einer s y s t e m i s c h e n W i r k u n g.

Die Einwirkungen auf den Organismus können r e v e r s i b e l oder auch i r r e v e r s i b e l sein. Wirken sie sofort, so sind es a k u t e Effekte. Treten sie erst nach längerer Zeit durch aufaddieren kleinerer Mengen von Substanzen im Organismus auf, so werden sie als c h r o n i s c h bezeichnet.

Die W i r k u n g s g r ö ß e einer toxischen Substanz kann durch drei Parameter charakterisiert werden:

- Die Wirkungsqualität (Art der Wirkung)
- Die Wirkungsstärke (Intensität der Wirkung)
- Die Wirkungszeit (Dauer der Wirkung)

Der Zusammenhang der drei Größen wird in dem folgenden Schema wiedergegeben:

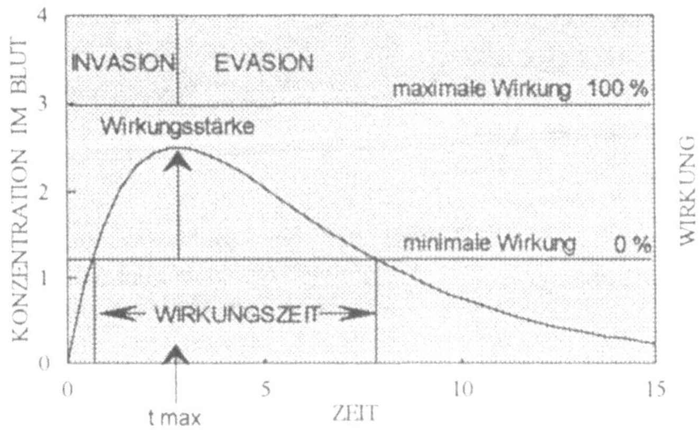

Abbildung 1 gibt den Verlauf der Konzentration einer toxischen Substanz im Blut wieder. Bis zum Zeitpunkt maximaler Wirkung (t_{max}) erfolgt die Invasion der Substanz in den Organismus, danach die Evasion (Ausscheidung). Die Wirkung tritt auf, wenn die minimale Wirkkonzentration überschritten ist (Latenz), und endet beim Unterschreiten dieser Konzentration. Der Zeitraum dazwischen ist die Wirkungszeit (Dauer der Wirkung)

1.3 Aufgabengebiete der Toxikologie

Das Aufgabengebiet der Toxikologie ist sehr umfangreich, so daß man zweckmäßigerweise Unterteilungen vornimmt, zum Beispiel nach der Art der Substanzen oder den Umständen, unter denen toxische Wirkungen eintreten können. Die gewählte Aufzählung ist nicht vollständig und kann beliebig erweitert werden.

Umwelttoxikologie

Die Verschmutzung der Luft, des Wassers und des Bodens ist hauptsächlich durch die Aktivitäten der Menschen hervorgerufen. Die Rückwirkung auf den Menschen zwingt uns zu einer kritischen Auseinandersetzung mit diesem Problem. Ein positives Beispiel stellen die von den USA ausgegangenen Anstrengungen dar, das Bleitetraethyl aus dem Fahrzeugkraftstoff zu entfernen. Dies hat zu einem deutlichen

Rückgang der Umweltbelastung durch Blei geführt. Im Grönlandeis konnte in den letzten Jahren eine Abnahme des Bleigehaltes auf 1/4 gemessen werden.

Ein negatives Beispiel ist unser ungebremstes Konsumverhalten, in dessen Folge die Bodenschätze aufgebraucht und gleichzeitig riesige Mengen von Abfällen produziert werden. Diese müssen dann möglichst unschädlich und kostengünstig entsorgt bzw. abgelagert werden.

Nahrungsmitteltoxikologie

Die Nahrungsmitteltoxikologie untersucht Schadwirkungen natürlicher und synthetischer Nahrungssmittel. Eine besondere Rolle spielen auch Zusätze wie Farbstoffe, Konservierungsmittel, Füllstoffe, Emulgatoren und Antibiotika. Außerdem wird das Trinkwasser auf schädliche Zusatzstoffe getestet.

Gewerbetoxikologie

Dieses Teilgebiet umfaßt alle Arten der gewerblichen Vergiftungen. Es befaßt sich mit akuten und chronischen Vergiftungen durch Arbeitsstoffe, dem Risiko am Arbeitsplatz und dem Berufskrebs. Besondere Anstrengungen gehen von der modernen chemischen Industrie aus, solche Vergiftungen durch Vorsorgemaßnahmen (Schutz- und Verhütungsmaßnahmen, Toleranzgrenzen für Giftstoffe) zu vermeiden. In industriellen Großbetrieben ist fast immer eine betriebsärztliche Abteilung vorhanden, die für die medizinische Überwachung der Betriebsangehörigen verantwortlich ist.

Klinische Toxikologie

Dieser Zweig der Toxikologie beschäftigt sich mit der Diagnose und der Therapie akuter Vergiftungen. Eigens eingerichtete Informationszentren für Vergiftungsfälle können Auskünfte und Vorschläge zur Behandlung bei Notfällen geben. Im Abschnitt 4.4. sind die bestehenden Informationszentren für Vergiftungsfälle in der Bundesrepublik Deutschland mit 24-Stunden-Dienst aufgelistet. Der Klinischen Toxikologie kommt die

Aufgabe zu, neue oder bereits im Handel befindliche Medikamente am Menschen auf Toxizität zu testen.

Akzidentielle Toxikologie

Die Bedeutung dieses Gebietes wird daran verdeutlicht, daß etwa 2/3 aller akuten Vergiftungen Suizidversuche sind. Weitere akzidentielle Vergiftungen kommen durch Haushaltsreinigungsmittel, Medikamente und Giftpflanzen vor. Nur etwa 10 % der akzidentiellen Vergiftungen ereignen sich im gewerblichen Bereich. Die Anzahl der durch Chemikalien hervorgerufenen akuten Vergiftungen ist in Deutschland unbekannt, da keine Meldepflicht besteht. In den USA werden pro Jahr etwa 4000 Vergiftungen registriert, dabei betrifft die Hälfte der Vergiftungsfälle Kinder unter 5 Jahren.

Wehrtoxikologie

Diese Disziplin beschäftigt sich mit atomaren, biologischen und chemischen Kriegswaffen, den sogenannten ABC-Waffen.

Toxikologie der Pestizide

Der große Bedarf an Nahrungsmitteln kann nur durch Einsatz von Schädlingsbekämpfungsmaßnahmen erbracht werden. Hierfür werden die sogenannten Pestizide eingesetzt, zu denen Insektizide, Herbizide, Fungizide, Bakterizide, Rodentizide, Vermizide etc. gerechnet werden. Der Einsatz solcher Substanzen birgt nicht unerhebliche Gefahren für den Menschen und die Tiere in sich.

1.4 Methoden der Toxizitätsprüfung

Anhand des Eintritts der toxischen Manifestation unterscheidet man an Substanzen eine:

- Akute Toxizität
- Subakute Toxizität
- Chronische Toxizität

Bei der a k u t e n Toxizität tritt die Wirkung nach einmaligem Kontakt mit Giftstoffen, innerhalb kurzer Zeit auf (maximal 24 Stunden). Intoxikationen, die akut beginnen, aber weniger heftig und rasch verlaufen, werden vielfach als s u b a k u t e Vergiftungen bezeichnet.

Eine c h r o n i s c h e Toxizität hingegen äußert sich oft erst nach wochen- oder monatelanger Schadstoffeinwirkung. Für eine chronische Vergiftung ist charakteristisch, daß sie sich unter der Einwirkung von wiederholten kleinen Giftdosen ausbildet, die jede für sich allein nur eine schwache oder gar nicht bemerkbare Giftwirkung hervorruft. Im Verlauf von chronischer Gifteinwirkung kann das Gift im Körper k u m u l i e r e n.

Eine toxische Wirkung kann man chemisch oder physikalisch messen. Bei einer akuten Vergiftung mit z.B. Kohlenmonoxid verändert sich das Absorptionsspektrum des Blutfarbstoffes Hämoglobin, und seine Sauerstoffbindungskapazität nimmt durch die CO-Verdrängung ab. Erst jedoch bei einem Gehalt von 30 bis 40 % CO-Hämoglobin treten hierbei klinische Vergiftungssymptome auf. Es kommt zu Kopfschmerzen, Ohrensausen, Schwindel, Benommenheit, Bewußtlosigkeit und Pupillenerweiterung. Bei 60 bis 65 % ist eine tiefe Bewußtlosigkeit erreicht, Krämpfe treten auf, und die Atemlähmung führt schließlich zum Tod. Wegen der hellroten Farbe des CO-Hämoglobins zeigt der Vergiftete eine frische, rosige Hautfarbe, die noch nach dem Tode erhalten bleibt.

Quantitativ bestimmen wir bei akuten toxischen Wirkungen die Konzentrationen, die meßbare biologische oder toxische Effekte hervorrufen. Diese können wie beim Hämoglobin durch eine Änderung der Lichtabsorption gemessen werden. Häufiger wird jedoch die Wirkung durch den Prozentsatz der r e a g i e r e n d e n I n d i v i d u e n ausgedrückt, bei denen sich nach Verabreichung einer toxischen Substanz ein eindeutiges biologisches Ereignis, wie z.B. Bewußtlosigkeit oder sogar Tod, zeigt. Die toxische Konzentration wird analog zu mol pro Liter in mol pro kg Körpergewicht angegeben.

Wenn man die Konzentration einer toxischen Substanz logarithmisch in mol/kg gegen den Prozentsatz der reagierenden Individuen aufträgt, so erhält man meist eine S-förmige Kurve. In der Abbildung 2 sind auf diese Weise zwei toxische Ereignisse dargestellt. Die erste Kurve gibt z.B. das

Eintreten von Bewußtlosigkeit als toxische Wirkung und die zweite den Tod als letale Wirkung wieder. Aufgrund des Kurvenverlaufes kann aus der graphischen Darstellung die Konzentration am Wendepunkt genau bestimmt werden. Diese gibt die Halbsättigungskonzentration als TD_{50} (toxische Dosis = TD) und als LD_{50} (letale Dosis = LD) bei einer toxischen und einer tödlichen Wirkung wieder. TD_{50} und LD_{50} sind somit Maßzahlen für toxische Substanzen, die eine Abschätzung des Risikos ermöglichen. Bei Inhalationsversuchen benutzt man analog zu der letalen Dosis den Begriff letale Konzentration pro kg Körpergewicht (LC_{50}).

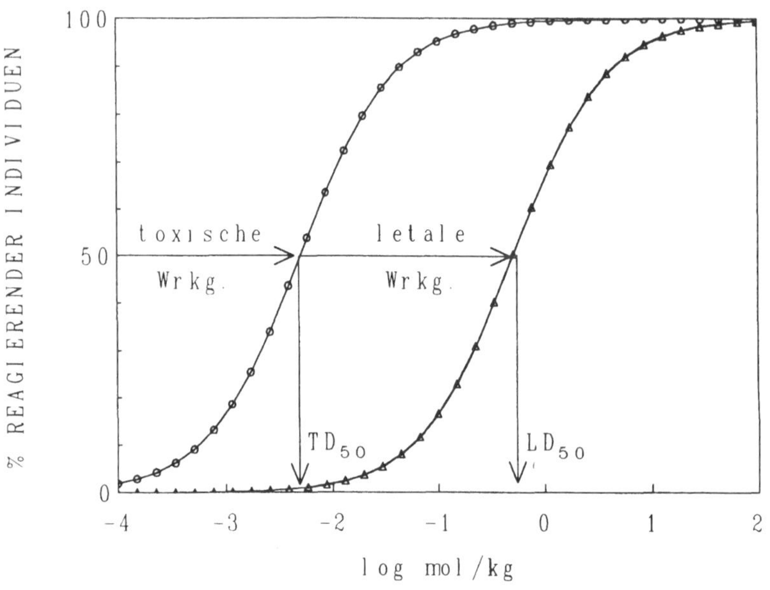

Abbildung 2. Dosis-Wirkungs-Beziehung

TD_{50}- und LD_{50} -Werte von toxischen Substanzen sind beim Menschen nur für relativ wenige Substanzen genau bekannt. Es existieren meist nur Einzelbeobachtungen infolge von Vergiftungsfällen oder aufgrund von Suizidversuchen.

Genauere Kenntnisse über letale Konzentrationen besitzen wir dagegen aus Tierversuchen. Die am meisten verwendeten Tierarten sind weiße Mäuse und Ratten, aber auch Meerschweinchen, Kaninchen oder andere

Tiere. Das Versuchsergebnis ist besser gesichert, wenn man mehrere Tierarten einsetzt, da die toxische Wirkung von Tierart zu Tierart quantitativ variieren kann. Die Übertragung der Ergebnisse von Tierversuchen auf den Menschen ist prinzipiell möglich aber schwierig. Höhere Säugetiere besitzen hinsichtlich der Anatomie, Biochemie und Physiologie große Übereinstimmungen und Ähnlichkeiten mit dem Menschen. Daher stimmt auch grundsätzlich der Verlauf von Vergiftungen bei Mensch und Tier überein. Ein Problem bei der Übertragung vom Versuchstier auf den Menschen, wie auch schon zwischen verschiedenen Tierarten beschrieben, liegt jedoch in der oft vorhandenen quantitativ unterschiedlichen Empfindlichkeit. Diese Unterschiede betreffen meist die Geschwindigkeit der Aufnahme, des metabolischen Abbaus und der Ausscheidung der toxischen Substanz.

Für den Vergleich der Toxizität zweier verschiedener toxischer Substanzen anhand von z.B. LD_{50}-Werten müssen weiter die chemische Form der Substanz, die Tierart, das Geschlecht sowie Alter des Tieres und die Art der Aufnahme in Betracht gezogen werden.

Die zu prüfende Substanz kann den Tieren auf verschiedene Weise verabreicht werden. Eine Aufnahme mit der Nahrung oder durch die Schnauze nennt man oral (or; durch den Mund, per os, po), eine Applikation mit einer Spritze in die Bauchhöhle injiziert heißt intraperitoneal (ip), eine Verabreichung auf die Haut dermal, unter die Haut gespritzt subcutan (sc) und eine Injektion in die Vene intravenös (iv). Es liegt auf der Hand, daß eine direkt in die Vene und damit in die Blutbahn injizierte Substanz toxischer wirkt als eine oral applizierte Substanz, die erst vom Darm aufgenommen und mit dem Blut verteilt wird.

Neben der Angabe LD_{50} für eine Substanz ist also der Verabreichungsweg sowie die Tierart wichtig. Folgende Beispiele seien aufgeführt:

LD_{50} (ip, Maus) = die Dosis (mol/kg), die 50 % der Mäuse nach intraperitonealer Verabreichung tötet.

LD_{50} (or, Ratte) = die Dosis (mol/kg), die 50 % der Ratten nach oraler Verabreichung tötet.

Da die LD_{50}-Werte über mehrere Zehnerpotenzen variieren können, wurde der Begriff der potentiellen Toxizität (pT_{50}) eingeführt (T. D. Luckey und B. Venugopal, 1977). Dabei ist (T) die molare Konzentration einer Substanz in mol/kg Körpergewicht. Analog dem pH-Konzept gilt:

$pT = -\log(T)$ und $LD_{50} = T_{50}$, somit ergibt sich

$$pT_{50} = -\log(LD_{50})$$

Eine toxische Substanz mit einer LD_{50} von 0.001 mol/kg besitzt dann eine T_{50} von 10^{-3} oder eine pT_{50} von 3. Durch diese Definition lassen sich toxische Substanzen übersichtlich in Klassen einteilen:

	pT_{50}	mol/kg Körpergewicht, LD_{50}, oral
super-toxisch	6	0.000 001
extrem-toxisch	5	0.000 01
hoch-toxisch	4	0.000 1
mäßig-toxisch	3	0.001
gering-toxisch	2	0.01
praktisch-untoxisch	1	0.1
relativ-harmlos	0	1
harmlos	-1	10

Tabelle 1 gibt eine toxikologische Interpretation der pT_{50} Klassen wieder

Für die Beurteilung der akuten Toxizität spielen weiterhin die Prüfungen der Substanz auf reizende und ätzende Eigenschaften und auf Allergisierung (Sensibilisierung) der Haut eine wichtige Rolle. Unter diesen Prüfungen sind Tests auf Haut- und Augenreizung sowie auf eine Sensibilisierung beim Einatmen oder bei Hautkontakt zu verstehen. Die Allergisierung der Haut besitzt einen hohen Stellenwert bei der Beurteilung der akuten Toxizität, da diese in der Regel irreversibel verläuft.

SUBSTANZEN	mg/kg	mol/kg	pT_{50}
Botulinus D	$3.2 \cdot 10^{-7}$	$3.2 \cdot 10^{-16}$	15.49
Tetanustoxin	$1.67 \cdot 10^{-6}$	$2.53 \cdot 10^{-14}$	13.60
Saxitoxin	$3.4 \cdot 10^{-3}$	$9.14 \cdot 10^{-9}$	8.04
Strychnin	0.98	$2.93 \cdot 10^{-6}$	5.53
Hg (II)-Chlorid	5	$1.84 \cdot 10^{-5}$	4.74
Natrium-Arsenat	9	$5.49 \cdot 10^{-5}$	4.26
Thallium-Chlorid	24	$1.00 \cdot 10^{-4}$	4.00
Cyanwasserstoff	3	$1.11 \cdot 10^{-4}$	3.95
Morphin	285	$9.99 \cdot 10^{-4}$	3.00
Coffein	250	$1.29 \cdot 10^{-3}$	2.89
Natrium-Fluorid	125	$2.98 \cdot 10^{-3}$	2.53
Natrium-Chlorid	$2.6 \cdot 10^{3}$	$4.45 \cdot 10^{-2}$	1.35

Tabelle 2 zeigt eine Übersicht von unterschiedlichen toxischen Substanzen, die Mäusen intraperitoneal injiziert wurden (aus Luckey und Venugopal, 1977). An der Spitze steht das super-toxische Botulinus-Toxin und am Ende die praktisch nicht toxische Substanz Natrium-Chlorid

Das Deutsche Chemikaliengesetz sowie internationale Prüfungsempfehlungen schreiben vor, daß nach Feststellung der akuten Toxizität mit Bestimmung der LD_{50} auch die Wirkung der Substanz in Langzeitversuchen festgestellt werden muß. Die Prüfung auf subakute Toxizität hat grundsätzlich an einer Nagetierart über eine Dauer von mindestens 28 Tagen zu erfolgen. Diese Versuche dienen auch zur Festlegung des optimalen Konzentrationsbereiches für längerfristige Versuche. Im einzelnen sollen folgende Ziele erreicht werden:

- Erkennung des toxikologischen Wirkprofiles

- Bestimmung des Zielorganes der toxischen Substanz

- Klärung der Reversibilität der aufgetretenen Effekte

Die chronische Toxizität wird meist an zwei Tierarten mit ähnlichen biologischen Eigenschaften wie der Mensch, in drei verschiedenen Konzentrationen in einem Zeitraum von drei Monaten bis zu sieben Jahren, je nach Problemstellung, getestet. Die Ermittlung von Wirkungsschwellen bezüglich der chronischen Toxizität in Tierversuchen ist äußerst schwierig, da neben den noch eben wirksamen Konzentrationen (lowest observed effect level, LOEL) auch die Konzentrationen bestimmt werden müssen, bei denen alle Effekte ausbleiben (no observed effect level, NOEL).

Das Ausbleiben toxischer Effekte kann nur durch Wahrscheinlichkeiten ausgedrückt werden und erfordert eine sehr große Anzahl von Versuchstieren. Außerdem läßt sich wegen der unterschiedlichen Ansprechbarkeit der Spezies eine absolute Sicherheit für eine Substanz nicht ableiten.

Der Gesetzgeber ist bestrebt, toxische Risiken durch Gesetze und Verordnungen so gering wie möglich zu halten (acceptable daily intake, ADI-Werte). Pestizide sind in der Regel leichter als Ursache von Vergiftungen zu ermitteln als der Zusatz toxischer Substanzen zu Nahrungsmitteln.

Die Festlegung von maximalen Arbeitsplatz-Konzentrationen (MAK-Werte), bei deren Einhaltung in 8-Stunden-Schichten die Gesundheit auch bei langfristiger Beschäftigung nicht beeinträchtigt werden soll, und von maximalen Immissions-Konzentrationen (MIK-Werte) sowie von Biologischen Arbeitsstoff-Toleranzwerten (BAT-Werte) bestimmter Stoffe sind ein wichtiger Beitrag, um unsere Gesundheit zu schützen. Bei letzteren Werten handelt es sich um Konzentrationen von Substanzen im Organismus selbst. Für Cadmium im Harn wurde z.B. die obere Grenze von 15 µg/ml festgelegt.

Ein Problem bereiten Substanzen, die für den Menschen karzinogen (krebserregend) wirken. Hier können überhaupt keine Unbedenklichkeitsgrenzen festgelegt werden, da nach unseren derzeitigen Erkenntnissen keine Schwellenkonzentrationen für karzinogene Substanzen existieren, unterhalb derer eine Exposition ungefährlich ist. Unter Berücksichtigung der technologischen Möglichkeiten sowie sozioökonomischen Gegebenheiten wurden für solche Stoffe Technische Richtkonzentrationen (TRK-Werte) eingeführt.

Karzinogene sind im engeren Sinne solche Substanzen, die eine Umwandlung von normalen Zellen in Tumorzellen bewirken. Die karzinogene Wirkung beruht hierbei auf einer chemischen Veränderung des genetischen Materials. Aufgrund des gentoxischen Effektes kann man eine karzinogene Wirkung auch als m u t a g e n bezeichnen. Erfahrungsgemäß besteht zwischen der ersten Exposition mit einer Chemikalie und der Manifestation der karzinogenen Wirkung beim Menschen eine lange Latenzzeit von etwa 8 bis 20 Jahren. Ein typischer Fall hierfür war das bereits Ende des 19. Jahrhunderts beschriebene Karzinom der Harnblase bei Anilin-Arbeitern. Eine im Anilin vorhandene Verunreinigung, das ß-Naphthylamin, reagierte dabei mit Zellen der Harnblase und führte nach einer Latenzzeit von 8 bis 17 Jahren zu bösartigen (malignen) Tumoren.

Um das Risiko einer karzinogenen Wirkung beim Menschen zu senken, ist besonders eine frühe Erkennung des Gefährdungspotentials chemischer Substanzen erstrebenswert. Im Tierversuch ist die Erfassung einer karzinogenen Wirkung prinzipiell möglich, aber mit einem außerordentlich hohen Aufwand an Zeit, Arbeit, Anzahl von Tieren und Kosten verbunden. Es hat daher nicht an Anstrengungen gefehlt, zusätzlich neue Testmethoden zu entwickeln, um Aussagen über eine mögliche mutagene und karzinogene Potenz einer Substanz zu machen. Dies ist auch tatsächlich durch eine Reihe sogenannter "Short-Term-Tests", wie z.B. dem Mutagenitätstest nach Ames an Bakterien, gelungen. Keiner dieser Tests kann jedoch eine sichere Aussage über eine potentielle gentoxische Wirkung beim Menschen machen, aber durch eine Kombination mehrerer geeigneter Tests kann die Richtigkeit einer Früherkennung erheblich gesteigert werden. Es werden sowohl Genmutationen als auch Chromosomenaberrationen bei diesen "Short-Term-Tests" erfaßt.

Zur Prüfung einer möglichen Schädigung der Reproduktionsfähigkeit oder der Fertilität durch chemische Substanzen werden Studien über mehrere Generationen durchgeführt und wird die Anzahl der jeweiligen Nachkommenschaft bestimmt. Die heranwachsenden Jungtiere werden ebenfalls überprüft, um eine mögliche Übertragung der toxischen Wirkung über den Mutterleib zu erkennen. Diese Versuchsanordnung erlaubt Aussagen über toxische Wirkungen während der fötalen Organentstehung und damit über t e r a t o g e n e (fruchtschädigende, von griechisch teras, Schreckbild, Ungeheuer) Wirkungen.

2 Toxikokinetik

Die Wirkung einer toxischen Substanz ist meist die Folge zahlreicher physikalisch-chemischer Prozesse, die sich in einem lebenden Organismus abspielen. In der Regel läßt sich dabei eine Reaktionskette beschreiben, in der sich drei Anteile erkennen lassen:

1.) Die Expositionsphase
2.) Die toxikokinetische Phase
3.) Die toxikodynamische Phase

Über die Umwelt sind Organismen ständig dem direkten Kontakt mit potentiell toxischen Xenobiotika ausgesetzt. Zusätzlich können toxische Stoffe mit der Nahrung, dem Trinkwasser und der eingeatmeten Luft aufgenommen werden. Ob es zu Vergiftungen oder Schädigungen kommt, hängt davon ab, wie leicht die Schadstoffe aufgrund ihrer physikalischen und chemischen Eigenschaften von der Haut, den Lungen oder dem Magen-Darm-Trakt in den Organismus aufgenommen werden.

Die Expositionsphase bildet die Grundlage für die zweite Phase, die toxikokinetische Phase, und aller invasiver Teilprozesse in Richtung auf den Wirkort.

Hier am Wirkort läuft die dritte, die toxikodynamische Phase ab. Es erfolgt am Wirkort meist eine reversible Reaktion mit einem rezeptiven, funktionellen Teil (Rezeptor) des Organismus.

Neben der Invasion stellt die Evasion einen zweiten Teilprozeß der toxikokinetischen Phase dar. Bereits durch Bindung und Speicherung der toxischen Substanz erfolgt ein Abtransport vom Wirkort. Hauptsächlich wird durch den Stoffwechselumsatz (Biotransformation) und die Exkretion eine wirksame Konzentrationsminderung der toxischen Substanz am Wirkort erreicht.

Ein lebender Organismus läßt sich auf die einfachste Weise als ein "black-box"-System darstellen. Es handelt sich um ein offenes dynamisches System mit einem Zufluß und einem Abfluß :

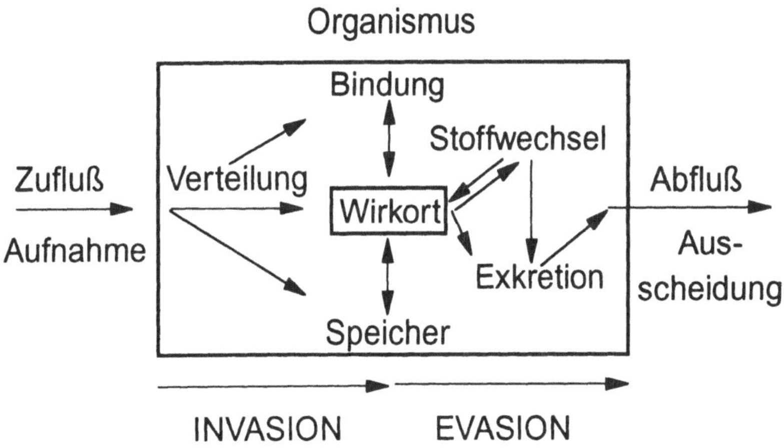

Abbildung 3 ist eine schematische Darstellung von Bewegungsvorgängen in einem Organismus ("black-box"-System)

Die Toxikokinetik, die in diesem Abschnitt behandelt wird, beschreibt also Bewegungen toxischer Substanzen in Bezug auf ihren Wirkort. Diese einfache Reaktionskette ist in der Realität erheblich komplizierter durch das Vorhandensein mehrerer Wirkorte von unterschiedlicher Qualität und Quantität. Um das Verständnis der toxikokinetischen Mechanismen zu erleichtern, soll hier nur eine vereinfachte Reaktionskette in Richtung auf den Wirkort und vom Wirkort weg beschrieben werden.

Zum Abschluß dieses Kapitels werden mathematische Modelle behandelt, welche das Zusammenspiel von Invasion und Evasion in einzelnen Körperabschnitten und sogar im gesamten Organismus wiedergeben können.

2.1 Aufnahme von toxischen Substanzen - die Expositionsphase

Die Expositionsphase wird umrissen mit der Hinbewegung einer toxischen Substanz zu den Resorptionsflächen eines lebenden Organismus. Neben den physikalischen Größen wie Zeit und Temperatur ist die biologische Beschaffenheit der Resorptionsoberflächen von großer Bedeutung für die Aufnahme der Substanzen in den Organismus.

Die Größenverhältnisse der Aufnahmeflächen des Menschen gibt Abbildung 4 maßstabsgerecht wieder:

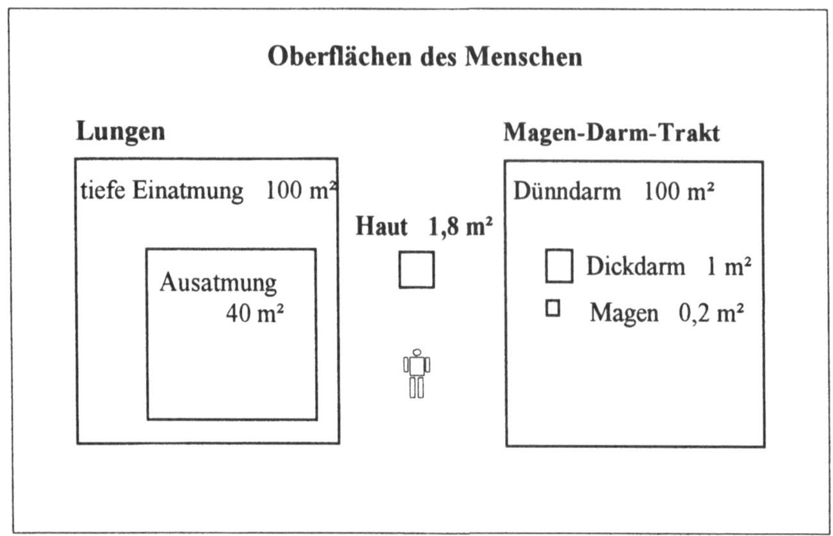

Abbildung 4 zeigt in der Mitte einen erwachsenen Menschen und im gleichen Maßstab dazu die Oberflächen von Lungen, Haut und Magen-Darm-Trakt

Die im Verhältnis zur Körpergröße des Menschen großen inneren Oberflächen sind notwendig, um den Stoffaustausch zu gewährleisten. Die Austauschfläche der Lungen ist wichtig für die Sauerstoffaufnahme und die Kohlendioxidabgabe. Es werden hierbei dieselben Wege für beide Vorgänge benutzt. Der Magen-Darm-Trakt fungiert als Einwegkanal für die Aufnahme von fester und flüssiger Nahrung sowie für die Ausscheidung von Stoffwechselschlacken und Exkrementen. Im Gegensatz zu Lungen und Magen-Darm-Trakt hat die Haut nur eine auffallend geringe Oberfläche. Sie steht in unmittelbarem Kontakt mit der Umwelt und hat daher einen mehr protektiven Charakter. Sie ist außerdem verantwortlich für den Wärmehaushalt und kann auch durch Schweißbildung Wasser und Salze ausscheiden.

Ganz allgemein gilt, daß eine toxische Wirkung erst dann eintreten kann, wenn eine Aufnahme stattgefunden hat, die zu einer toxischen Konzentration der Substanz am Wirkort geführt hat. Dies gilt jedoch nicht für einen radioaktiven Emittenten mit einer ausreichenden Eindringtiefe, der bereits von außen Gewebeschädigungen bewirken kann.

Wegen ihrer großen Bedeutung für die Aufnahme wird die Beschaffenheit der wichtigsten Resorptionsflächen des Menschen im Zusammmenhang mit den physikalisch-chemischen Eigenschaften einiger toxischer Substanzen dargestellt.

2.1.1 Die Haut

Die Haut, welche den Körper eines Erwachsenen bedeckt, hat eine Oberfläche von rund 1.8 m^2. Sie trennt durch ihren Aufbau den Menschen von seiner Umgebung, da sie nur eine geringe Durchlässigkeit (Permeabilität) besitzt. Auf die äußere *Epidermis* folgt das *Korium* oder die Lederhaut, und darunter liegt die aus lockerem Bindegewebe und mehr oder minder reichlichem Fettgewebe aufgebaute Verschiebeschicht gegen die Unterlage, die *Subcutis* oder Unterhaut.

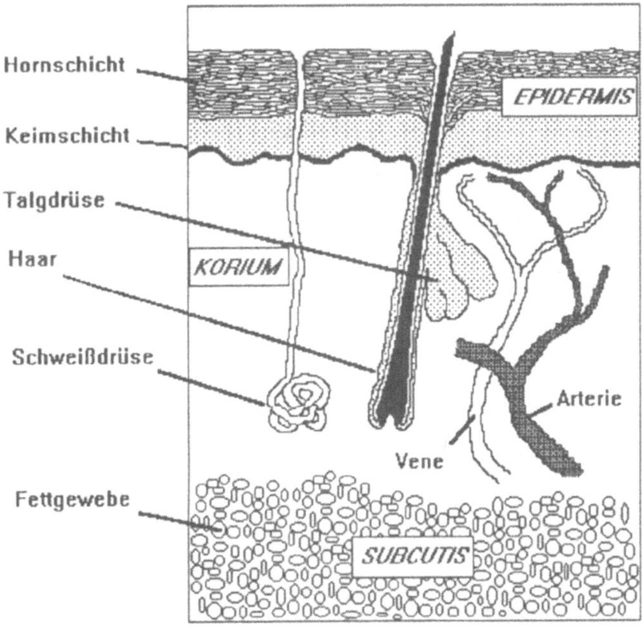

Abbildung 5 zeigt ein Aufbauschema der Haut

Das Haupthindernis für den Eintritt von Substanzen ist die dicke Hornschicht (Stratum corneum) mit ihrem relativ geringen Wassergehalt von 5 bis 10 % als oberste Schicht der Epidermis. Die unterste Schicht der Epidermis ist die Keimschicht, sie zeigt die höchste metabolische Aktivität aller Hautschichten. Sie kann sowohl körpereigene Substanzen als auch Fremdstoffe metabolisieren. Im Korium und in der Subcutis befinden sich kapillare Blutgefäße, die für den Abtransport von toxischen Substanzen in das Kreislaufsystem verantwortlich sind.

Die Hornschicht wird von Haarfollikeln und den Ausführungsgängen der Schweißdrüsen durchbrochen. Grundsätzlich kann die Aufnahme einer toxischen Substanz durch die Follikelschächte, durch die Schweißdrüsengänge und durch die Hornschicht erfolgen. Der Anteil der ersten beiden Eintrittspforten wird jedoch nur auf 0.1 bis 1 % der Hautoberfläche geschätzt. Diese kleinen Eintrittspforten können von Bedeutung sein für den schnellen Eintritt kleiner Mengen hydrophiler, hochtoxischer Gifte.

Die Hornschicht besitzt den Charakter einer mehrschichtigen Lipidmembran. Während für die Passage durch die unteren Schichten und für den Eintritt in die Blutgefäße eine Hydrophilie benötigt wird, erfordert die Hornschicht eine lipophile Löslichkeit der Substanzen. Die allermeisten Chemikalien müssen die Hornschicht passieren, die zu erreichende Aufnahme-Konzentration wird also durch die flächenmäßige Ausdehnung dieser Schicht bestimmt. Dabei penetrieren kleine Moleküle schneller als größere, während hydrophile, hochmolekulare Substanzen wenig oder nicht aufgenommen werden.

Die Permeation durch die Hornschicht, die Hauptbarriere in der Haut, läßt sich mit guter Annäherung durch das Fick'sche Diffusionsgesetz beschreiben:

$$dm/dt = K_d \cdot V_k \cdot (\text{Hautoberfläche/Dicke der Hornschicht}) \cdot \Delta c$$

wobei dm/dt die Aufnahmegeschwindigkeit der Menge der penetrierenden Substanz (m) in der Zeit (t) ist. K_d ist die Diffusionskonstante der Substanz, V_k deren Verteilungskoeffizient (Verhältnis der Konzentration in der Lipidphase zur Konzentration in der Wasserphase) und Δc die

Konzentrationsdifferenz der Substanz zwischen der Oberfläche und der Innenfläche der Hornschicht.

Das Diffusionsgesetz veranschaulicht sehr deutlich, daß die Aufnahmegeschwindigkeit einer lipophilen Substanz direkt proportional der Hautoberfläche und umgekehrt proportional der Dicke der Hornschicht ist. Das heißt mit anderen Worten, die Gefahr einer Vergiftung ist umso größer, je größer das kontaminierte Hautareal und je dünner die Hornschicht ist.

Die Hornschicht ist verschieden dick, am dicksten dort, wo sie am stärksten beansprucht wird. An den Fußsohlen, Handtellern und den Innenseiten der Finger kann sie eine Dicke von 400 bis 600 µm gegenüber von nur 8 bis 15 µm an Armen, Beinen und am Körper besitzen. Beim Mann hat die Haut des Skrotums und bei der Frau die der kleinen Labien die dünnste Schicht und ist damit am besten permeabel.

Bei Kindern kommt das im Vergleich zum Erwachsenen größere Verhältnis von Oberfläche zu Körpergewicht zur Geltung. So resultieren beim Neugeborenen, unter ähnlichen Aufnahmebedingungen wie beim Erwachsenen, etwa dreifach höhere Konzentrationen im Organismus.

Eine Reihe von lipophilen Chemikalien können die Haut in ausreichender Menge penetrieren und eine systemische toxische Wirkung verursachen. Hierzu gehören z.B. organische Phosphate als Nervengase, verschiedene nicotinische Insektizide, Phenole, Tetrachlorkohlenstoff, metallorganische Verbindungen wie Bleitetraethyl und Karzinogene neben vielen anderen Verbindungen.

Die Epidermis mit ihrer Hornschicht hat nicht nur eine Barrierenfunktion für viele Substanzen, sie übt auch wegen des niedrigen pH-Wertes, der zwischen 4.2 und 6.5 liegen kann, eine Schutzfunktion gegen Bakterien aus.

Wird die Hornschicht zerstört oder mechanisch abgetragen, können hydrophile und lipophile Substanzen die Haut gleichermaßen penetrieren. Dies kann auch durch scheuernde Reinigungsmittel bewirkt werden oder durch organische Lösungsmittel wie Benzin oder Terpentin, die die schützende Fettschicht entfernen. Auf der Haut führen Phenole zu einer Unempfindlichkeit, was die Gefahr der Vergiftung durch Resorption begünstigt. Selbst schwere Schorfbildungen lösen dabei keine Schmerzen aus. Dringen die Phenole in tiefere Schichten ein, so kommt es durch Gefäßschädigung zum Auftreten einer typischen Phenolgangrän (Gangrän, griechisch fressendes Geschwür). Mit Salicylsäure kann die Hornschicht infolge ihrer keratolytischen Wirkung (Kera, griechisch Horn) aufgelöst werden. Dies wird z.B. bei der Hühneraugenentfernung mit Salicylsäure kosmetisch ausgenutzt.

Die beschädigte Haut ist schließlich auch die Eintrittspforte für Substanzen, die als Allergene wirken und damit das Risiko einer Allergie erhöhen.

2.1.2 Die Schleimhäute

Im Vergleich zur Aufnahme von toxischen Substanzen durch die Haut ist die Aufnahme durch die Schleimhäute wesentlich intensiver, da eine Barriere ähnlich der Hornschicht nicht vorhanden ist. Wie bei der Haut werden aber Chemikalien mit lipophilen Eigenschaften bevorzugt. Im allgemeinen haben Schleimhäute den Charakter einer Lipidmembran mit Poren, so daß sie auch für hydrophile Substanzen beschränkt durchlässig sind.

Verschiedene toxische Substanzen können über die Schleimhäute der Nase, des Mund-Rachen-Raumes, der Bindehaut der Augen, der Harnleiter, der Blase oder der Scheide in den Blutkreislauf gelangen und systemische toxische Wirkungen verursachen. So wurden z.B. bei Blasenspülungen mit Borsäurelösung tödliche Vergiftungen beobachtet. Arsenik wurde früher zu Mordzwecken in die Scheide eingebracht, Kokainsüchtige benutzen oft die Nasenschleimhaut als Resorptionsfläche.

2.1.3 Der Verdauungstrakt

Eine Reihe von Umweltgiften gelangen mit der Nahrung in den Verdauungstrakt und können von dort her in den Organismus aufgenommen werden. Schematisch kann der Verdauungstrakt als ein den Organismus durchziehender Kanal angesehen werden. Die Aufgaben des

Kanals bestehen in der Aufnahme, der Zerkleinerung, der Fortbewegung und der Verdauung der Nahrung. Die Verdauung erfolgt mit Hilfe der Magensäure, der Verdauungsenzyme und der bakteriellen Darmflora. Die dabei entstehenden Produkte werden entweder von der Darmschleimhaut aufgenommen oder aber als Exkrete mit den Faeces, den aus der Verdauung übrigbleibenden Massen, eliminiert. Toxische Substanzen können ebenfalls in veränderter Form wie die Nahrungsprodukte oder aber auch unverändert vom Verdauungstrakt aufgenommen oder ausgeschieden werden.

Von der Größe der resorbierenden Fläche imponiert am meisten der Dünndarm. Mit 100 bis 200 m^2 erreicht die Fläche die Größe eines Tennisplatzes. Danach folgen ebenfalls aus Schätzwerten der Dickdarm mit 0.5 bis 1 m^2 , der Magen mit 0.1 bis 0.2 m^2, während der Mastdarm nur 0.04 bis 0.07 m^2 und die Mundhöhle etwa 0.02 m^2 mißt.

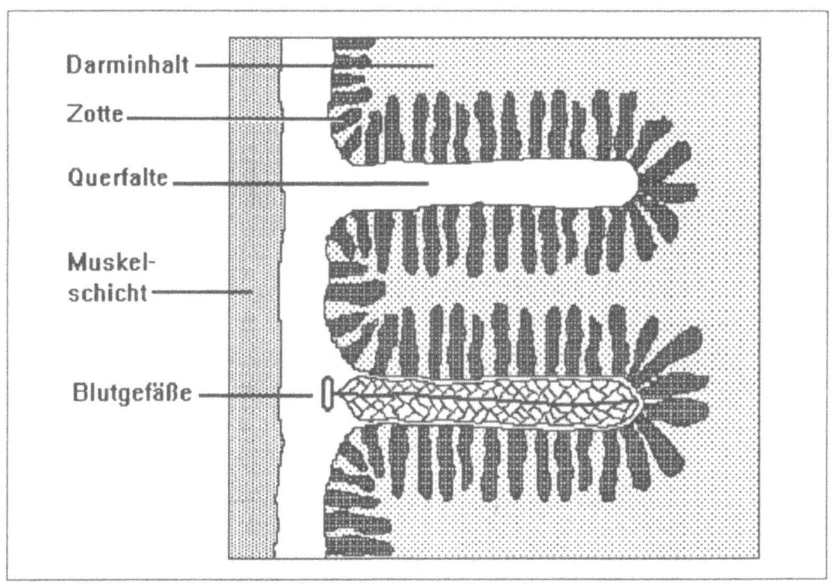

Abbildung 6 zeigt das Prinzip von Querfalten und Zotten im Dünndarm

Wie die Größenverhältnisse bereits andeuten, ist die Dünndarmschleimhaut von größter Bedeutung für die Aufnahme. Die große Oberfläche wird durch zwei Bauprinzipien erreicht. Erstens bilden die Schleimhaut und die darunter liegende Schicht der Submucosa ringförmige Querfalten, die Plicae circulares, die an Zahl und Größe analwärts abnehmen, und zweitens erheben sich auf diesen und in ihren Zwischenräumen etwa 1 mm hohe Zotten (Villi intestinales), die ebenfalls analwärts weniger werden. Die Gesamtzahl der Zotten wird auf etwa 4 bis 5 Millionen geschätzt.

Die resorbierende Zellschicht der Dünndarmschleimhaut ist hauptsächlich das einschichtige Zottenepithel, ein metabolisch äußerst aktives Zellgewebe. Wird diese Zellschicht durch toxische Substanzen geschädigt, so werden die Zellen in den Darm abgestoßen, und das Zellepithel kann sich innerhalb von 2 bis 3 Tagen regenerieren. Auf diese Weise können z.B. in das Zottenepithel aufgenommene und dort gespeicherte toxische Metalle mit den Faeces ausgeschieden werden. Ein anderer physiologischer Schutzeffekt, der durch eine Reizung der Darmschleimhaut hervorgerufen wird, führt zu schneller Darmpassage und zum Abführen der toxischen Substanz (Diarrhoe).

Im Zottenepithel eingelagert sind schleimbildende Zellen. Zwischen den Zottenwurzeln befinden sich kleine Darmdrüsen, die mit ihrem Sekret ebenfalls einen wesentlichen Beitrag zur Bildung des Darmsaftes liefern. Der Dünndarmsaft enthält neben Elektrolyten zahlreiche Enzyme, die besonders den Abbau der polymeren Kohlenhydrate und Proteine vollenden. Täglich werden vom Verdauungstrakt etwa 1.5 Liter Speichel, 1 bis 1.5 Liter Magensaft, 1.2 Liter Pankreassaft, 0.5 bis 1 Liter Gallenflüssigkeit und eine nicht genau bekannte Menge Dünndarmsaft gebildet. Insgesamt schätzt man, daß die Verdauungssäfte 8 Liter pro Tag übersteigen können. Aus dieser Flüssigkeit werden im Dünndarm gelöste niedermolekulare Substanzen mit dem Wasser und im Dickdarm bevorzugt nur das Wasser resorbiert.

Die Resorption toxischer Substanzen vom Verdauungstrakt wird von einer Vielzahl von Faktoren bestimmt. Von seiten der Substanz ist deren Lipophilie, Molekülgröße und ihre Dissoziation entscheidend. Auf der Seite des Magen-Darm-Traktes spielen neben den Oberflächen die Durchblutung, die Passagezeit, die Nahrungsaufnahme und die unterschiedlichen pH-Werte in den verschiedenen Abschnitten eine Rolle. Den wesentlichen Einfluß auf die Aufnahme einer toxischen Substanz hat ihre Lipophilie. Verallgemeinernd kann man die Auskleidung des Verdauungstraktes mit einer Lipidmembran vergleichen, die lipophile Substanzen leicht passieren läßt.

Der Mageninhalt ist stark sauer (pH-Wert zwischen 1.5 bis 3), so daß sehr schwache Basen und schwache Säuren wegen ihrer Lipophilie bereits hier aufgenommen werden können. Wegen der relativ kleinen Oberfläche des Magens ist jedoch diese Aufnahme im Vergleich zum Dünndarm von untergeordneter Bedeutung.

Der pH-Wert im Dünndarm reicht vom Zwölffingerdarm ausgehend bis in die tieferen Dünndarmabschnitte von schwach sauer bis schwach alkalisch. Daher können sowohl schwache Säuren als auch schwache Basen eine ausreichende Konzentration in der nicht-ionisierten und damit in der resorbierbaren, lipophilen Form erreichen.

Die Diffusion von kleinen hydrophilen Molekülen durch die Darmwand erklärt man durch Kanäle oder Poren, die von den Membranproteinen der Epithelzellen gebildet werden. Die Geschwindigkeit der Permeation hängt vom Konzentrationsgradienten ab und nimmt mit abnehmender Molekülgröße zu. Außerdem können Moleküle mit einem größeren Durchmesser als dem der Poren auch noch über zwischenzelluläre Verbindungen permeieren, über die sogenannten "tight junctions". Für die Epithelzellen des Dünndarmes hat man mit Hilfe von Testmolekülen einen mittleren Porenradius von 0.3 bis 0.4 nm ermittelt.

Es gibt ein gutes Beispiel für die Wirksamkeit der Membran des Dünndarmes als eine effektive Barriere gegen bestimmte hydrophile toxische Substanzen: Das hydrophile Pfeilgift Curare kann wegen seiner Molekülgröße und seiner Ladung nicht durch den Darm aufgenommen und somit das damit kontaminierte Tierfleisch risikolos verzehrt werden.

Die Resorptionsverhältnisse im Dickdarm entsprechen qualitativ denen des Dünndarmes, jedoch ist die Resorptionsfläche wegen des Wegfalls der Zotten kleiner und daher auch die Resorptionsleistung deutlich geringer.

Nach der Aufnahme gelangen die toxischen Substanzen in das zirkulatorische System des Blutkreislaufes. Ein direkter Weg führt über die

Pfortader zur Leber. Dort können die Substanzen bei entsprechenden Eigenschaften metabolisiert werden.

2.1.4 Der Respirationstrakt

Für die Resorption durch die Lungen sind besonders gasförmige Substanzen geeignet. Es können jedoch auch flüssige und feste Substanzen aufgenommen werden, wenn sie in feinverteilter Form als Aerosol vorliegen. Viele toxische Substanzen gelangen als Aerosole in den Organismus. Von seinen Funktionen her kann der Respirationstrakt in drei Abschnitte eingeteilt werden:

1.) Der Nasen-Rachen-Raum
2.) Das Verteilungssystem der Bronchien
3.) Die Lungenbläschen oder Alveolen

Der Nasen-Rachen-Raum temperiert die eingeatmete Luft und feuchtet sie an. Die Haare in den Nasenhöhlen filtern grobe Staubpartikel ab, die einen Durchmesser von mehr als 10 µm haben. Die meisten gefilterten Staubpartikel setzen sich an den Schleimhäuten in der Nase und im Rachen ab.

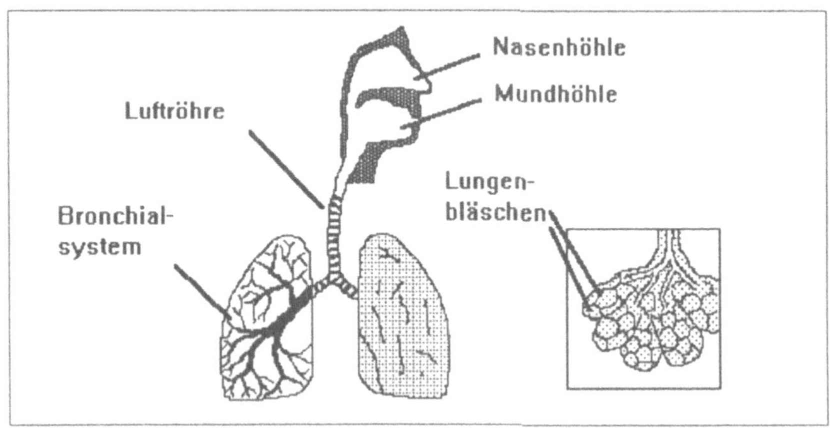

Abbildung 7. Das Schema zeigt die drei Abschnitte des Respirationstraktes: Mund- und Nasenhöhle, Luftröhre und Bronchialsystem, Lungenbläschen (Alveolen)

Der zweite Abschnitt stellt die Verbindung für den Luftstrom zu und von den Lungenbläschen her. Er beginnt mit dem Kehlkopf und der sich anschließenden Luftröhre. Die Luftröhre teilt sich in den rechten und linken Bronchus, von denen die Seitenbronchi abzweigen. Die feinere Verzweigung der Seitenbronchi erfolgt unter Zweiteilung, und aus den Bronchi gehen die Bronchuli hervor. Sie verästeln sich noch weiter und bilden schließlich feinste Bronchioli respiratorii, die am Ende in zwei bis drei kleinste Röhrchen zu den Lungenbläschen auslaufen.

Die Notwendigkeit der Konstruktion eines stabilen Röhrensystems läßt es nicht zu, die Röhren selbst für den Gasaustausch zu benutzen. Da hier kein Gasaustausch stattfindet, bezeichnet man diesen Röhrenraum auch als "Totraum". Trotzdem kommt auch diesem Raum eine bedeutende Funktion für die Atmung zu. Wurde nämlich die Atemluft nicht schon im Nasen-Rachen-Raum temperiert und angefeuchtet, so erfolgt dies hier.

Außerdem ist das Röhrensystem vom vorderen Drittel der Nase bis zu Beginn der Bronchioli respiratorii mit einem höchst aktiven Flimmerepithel ausgekleidet. Der Flimmerschlag arbeitet koordiniert und bewegt eine daraufliegende Schleimschicht mit einer ansehnlichen Geschwindigkeit von etwa 1 bis 2 cm pro Minute vorwärts. Der Flimmerschlag ist stets nach außen gerichtet und bewegt nicht nur den Schleim, der von den schleimproduzierenden Zellen des Bronchialsystems gebildet wird, sondern er nimmt auch eingeatmete Staubpartikel auf dieser "Schleimstraße" mit in die Mundhöhle, wo sie entweder verschluckt oder ausgehustet werden können.

Ein wichtiger Reinigungsmechanismus der Bronchialröhren ist der Hustenreflex, der durch Reizung von Rezeptoren in der Schleimhaut ausgelöst wird. Dabei verschließt sich zuerst der Kehlkopf, und die Brust- und Bauchmuskulatur erzeugt dann im Brustraum einen Überdruck. Durch plötzliches Öffnen des Kehlkopfes entsteht ein starker Luftausstoß. Mit einer Luftbewegung von bis zu 280 m pro Sekunde (etwa 1000 km pro Stunde) werden feste Partikel und Schleim aus dem Respirationstrakt herausgeschleudert.

Das Röhrensystem erlaubt die Passage von gasförmigen Substanzen und von Aerosolen, die dann in die Lungenbläschen gelangen und resorbiert werden können. Die nächste Abbildung gibt einen Eindruck über die Größe der Partikel, die Lungenbläschen erreichen können.

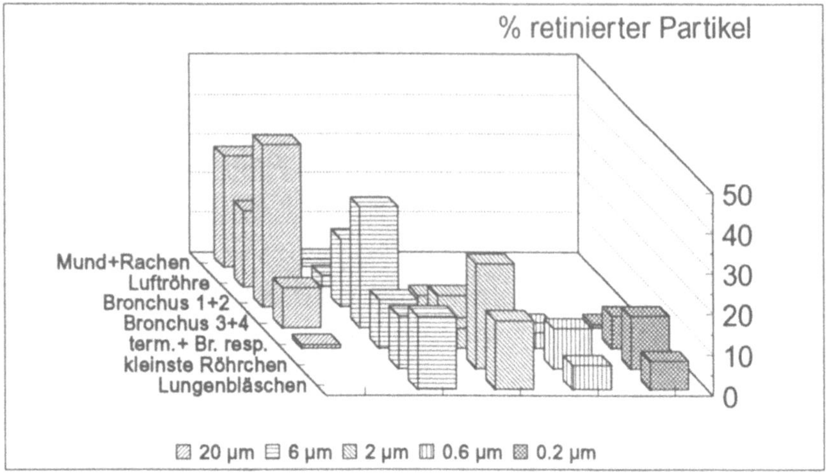

Die Abbildung 8 zeigt den Prozentsatz retinierter Partikel in verschiedenen Regionen des Respirationstraktes. Der Durchmesser der Partikel variiert von 0.2 bis 20 µm, und die Einatmungstiefe betrug 1.5 Liter (experimentelle Daten von Hatch und Gross, 1964). Der Übersicht halber wurde der Prozentsatz der Partikel in Mund- und Rachenraum, in den großen Bronchi (Bronchus 1+2), in den kleineren Bronchi (Bronchus 3+4) und in den terminalen und respiratorischen Bronchioli (term. + Br. resp.) zusammengezogen

Aus der Abbildung ist ersichtlich, daß besonders die feinsten Partikel mit einem Durchmesser < 2 µm die Lungenbläschen erreichen, während Partikel mit einem Durchmesser von 20 µm in den oberen Luftwegen hängenbleiben. Die größeren Partikel werden auf der "Schleimstraße" des Flimmerepithels nach oben transportiert und meist reflexmäßig verschluckt. Dies führt zunächst zu einer Reinigung der Lungen von Partikeln, die dann aber beim Verschlucken in den Magen-Darm-Kanal gelangen und von dort aufgenommen werden können.

Eine weitere Schutzwirkung des Bronchialröhrensystems kann durch eine Kontraktion der glatten Bronchialmuskulatur verursacht werden, dabei verschließen sich die kleinen Luftwege. Dies ist ein wichtiger Schutzreflex, der z.B. durch Reizgase ausgelöst werden kann. Bei Asthmatikern ist dieser Reflex übersteigert.

Um mit dem Röhrensystem abzuschließen, sollen auch noch die Schutzfunktionen durch die von den Schleimzellen abgesonderten Immunglobuline sowie die im Schleim enthaltenen Proteinase-Hemmstoffe und die "Polizeifunktion" eingewanderter weißer Blutzellen vermerkt werden. Durch die weißen Blutzellen werden z.B. eingedrungene Bakterien unschädlich gemacht.

Die Lungenbläschen selbst bilden schließlich den dritten Abschnitt des Respirationstraktes. Sie sind die Membranen, über die der Gasaustausch zwischen der Einatmungsluft und dem Blut stattfindet. In der Hauptsache diffundiert Sauerstoff dem Konzentrationsgefälle folgend in das Blut und CO_2 ebenfalls dem Konzentrationsgradienten entsprechend vom Blut in die Lungenbläschen. Durch die Atemzüge werden die Lungenbläschen ventiliert. In der Ruhe atmet der Mensch 12 bis 15mal pro Minute und bewegt pro Atemzug 500 ml ein und aus (6 bis 8 Liter pro Minute). Die atmosphärische Luft enthält 21 % Sauerstoff und nur 0.03 % CO_2 neben 79 % Stickstoff und den Edelgasen. Die ausgeatmete Luft zeigt eine Abnahme des Sauerstoffgehaltes auf etwa 17 % und eine Zunahme des CO_2-Gehaltes auf 3 bis 4 %. Allerdings ist dabei zu berücksichtigen, daß der Sauerstoff- und CO_2-Gehalt in der Luft der Lungenbläschen selbst noch größere Unterschiede zu dem der Luft aufweist. Das liegt an dem im Röhrensystem befindlichen "toten Raum". Die Mundhöhle, Luftröhre und Verzweigungen umfassen 140 ml , während im ganzen bei ruhiger Atmung insgesamt 500 ml ausgeatmet werden. Von den insgsamt 500 ml Atemzugsvolumen werden also 140 ml "Totraum" nicht ventiliert (Atemzugvolumen · P_{CO_2} Ausatmungsluft = [Atemzugvolumen - "Totraum"] · P_{CO_2} Lungenbläschen). Bei der Analyse der Luft in den Lungenbläschen findet man darum etwa 15.5 % Sauerstoff und 5 bis 6 % CO_2.

Ist der CO_2-Gradient umgekehrt, das kann im Weingärkeller oder in bestimmten natürlichen Höhlen der Fall sein, in denen sich das spezifisch schwerere Gas anreichert, so kann ein schneller Tod eintreten. Zugang über die Lungenbläschen finden auch verschiedene toxische Gase, wie Kohlenmonoxid, Cyanwasserstoff, Stickoxide, Schwefeldioxid, Schwefelwasserstoff, Ozon, Phosgen und zahlreiche andere anorganische und organische Reizgase. Praktisch alle flüchtigen Substanzen wie z.B. auch volatiles Quecksilber können über diesen Weg in den Organismus eintreten. Auch der umgekehrte Weg ist möglich, so können Spuren von Methan aus dem Magen-Darm-Kanal über den Blutweg in der Ausatmungsluft erscheinen. Auch flüchtige Substanzen wie NH_3, niedermolekulare Ketone und Äther sowie Selenoxid können vom Blut in die Luft der Lungenbläschen übertreten.

Die Gesamtoberfläche der Lungenbläschen ist von der Atemmechanik abhängig, beträgt beim Ausatmen etwa 40 m^2 und beim tiefen Einatmen bis zu 100 m^2 (siehe Abbildung 4). Die Anzahl der Lungenbläschen eines Menschen wird auf 300 bis 400 Millionen geschätzt. Die große Lungenbläschenoberfläche steht zu 90 bis zu 95 % in einem engen Kontakt mit den darunter befindlichen kapillaren Blutgefäßen. Für die Diffusion der Gase gilt das Fick'sche Diffusionsgesetz. Neben dem Diffusionskoeffizienten und dem Konzentrationsgradienten ist die Gesamtmembranoberfläche und die Dicke der Diffusionsstrecke von entscheidender Wichtigkeit. Die Diffusionsstrecke wird auch als die Luft/Blut-Schranke bezeichnet, sie beträgt nur 0.4 bis 2.5 µm. Die Diffusionsgeschwindigkeiten von Gasen für solch kleine Abstände liegen unter einer Millisekunde.

Einzelne Reizgase wie Phosgen, Ozon oder nitrose Gase können die Epithelzellen der Lungenbläschen schädigen. Die Zellen schwellen dabei durch Flüssigkeitseintritt an, und es entsteht ein Lungenödem. Physikalisch gesehen wird die Diffusionsstrecke für Sauerstoff und CO_2 stark verlängert, und die Austauschgeschwindigkeit nimmt beträchtlich ab. Wegen der schlechten Wasserlöslichkeit des Sauerstoffes tritt zuerst eine Sauerstoffuntersättigung des Organismus auf, Haut und Schleimhäute verfärben sich blau (cyanotisch).

Bei normaler Atmung werden pro Minute etwa 6 bis 8 Liter Luft ventiliert und dabei 250 ml Sauerstoff aufgenommen und 200 ml CO_2 abgegeben. In der gleichen Zeit passieren etwa 5 bis 6 Liter Blut die Lungenkapillaren. Der Gasaustausch ist gesteigert, wenn sowohl die Ventilation als auch die Durchblutung der Lungenkapillaren zunehmen. Eine wichtige Größe ist hierbei die Löslichkeit des Gases im Blut, die durch den Blut/Gas-Löslichkeitskoeffizienten beschrieben ist (ml Gas/ml Blut).

Betrachtet man die Zeit, bis sich ein Gleichgewicht zwischen Einatmungsluft und Blut eingestellt hat, so gilt für ein Gas mit einem geringen Blut/Gas-Löslichkeitskoeffizienten, daß die Zeit sehr kurz ist im Vergleich zu einem Gas mit einem großen Löslichkeitskoeffizienten. Das Gas Ethylen mit einem kleinen Löslichkeitskoeffizienten von 0.14 braucht etwa 20 Minuten bis zur Gleichgewichtseinstellung im Blut des Menschen, während Chloroform mit einem Löslichkeitskoeffizienten von 9.4 mehr als 20 Stunden dafür benötigt. Man kann diese physikalische Verteilung auch anders interpretieren: Um das gesamte Blut mit Ethylen zu sättigen, bedarf es wegen seiner geringen Löslichkeit nur einer geringen Menge (bzw. eines geringen Volumens). Diese läßt sich in einer kürzeren Zeit bereitstellen als bei Chloroform, von dem etwa 60mal mehr bis zur Erreichung der Gleichgewichtseinstellung benötigt wird.

Für die Verteilung eines Gases im Blut, das z.B. mit der Konzentration im Gehirn im Gleichgewicht steht, sind drei Faktoren wichtig:

- Der Partialdruck des Gases in der Einatmungsluft
- Die Größe und Geschwindigkeit der Lungenventilation
- Der Blut/Gas-Löslichkeitskoeffizient

Ein Gas mit einer geringen Löslichkeit im Blut wie z.B. Ethylen wird nur zu einem geringen Prozentsatz aus den Lungenbläschen in das Blut diffundieren, aber wegen des meist großen Gradienten des Partialdruckes wird dies sehr schnell erfolgen. Eine erhöhte Atemfrequenz ist also nur ganz am Anfang wirksam, später nicht mehr. Für ein Gas mit einer großen Blutlöslichkeit wie z.B. Chloroform gilt, daß bei jedem Atemzug ein großer Anteil des Gases aus den Lungenbläschen in das Blut verschwindet. Wegen des meist geringen Gradienten ist die Geschwindigkeit der Aufnahme jedoch nur gering. Hierbei führt eine Zunahme der Atemfrequenz zu einer deutlich gesteigerten Aufnahme in das Blut, und die Ventilation ist somit von großer Bedeutung.

Die Lungenbläschen sind verantwortlich für die Aufnahme von Aerosolen, deren Partikelgröße die Passage des Röhrensystems erlaubt (siehe Abbildung 8). Aerosole schließen natürliche und synthetische organische und anorganische Verbindungen ein. Stadtluft enthält potentiell toxische Salze verschiedener Metalle wie Cadmium, Blei, Antimon, Selen,

Thallium, Vanadium, Nickel und Zink. Viele toxische Schadstoffe der Luftverschmutzung kommen vom Autoverkehr, aus der Müll- und Heizstoffverbrennung, aus der metallverarbeitenden Industrie, den Ölraffinerien, aber auch von kosmetischen Aerosolen, Pestiziden, Farben und Lacken und Treibstoffen.

Die weitaus gefährlichere gesundheitsschädigende chemische Wirkung hat jedoch das Zigarettenrauchen. Neben dem Hauptwirkstoff Nicotin werden toxische Gase wie Kohlenmonoxid, die Stickstoffoxide NO und NO_2 und eine Reihe anderer Reizgase aufgenommen. Eine große Anzahl sicherer oder zumindest als sehr wahrscheinlich erachteter krebserzeugender Stoffe wird mit dem Zigarettenrauch als Gase oder Partikel inhaliert: dazu gehören verschiedene Nitrosamine, Benz(a)pyren und Benz(a)anthrazene, Hydrazin, Anilin, Vinylchlorid und Formaldehyd, weiterhin Metalle wie Cadmium, Nickel, Chrom und Blei.

Beim Cadmium spielt noch zusätzlich die Verweildauer eine Rolle. Die biologische Halbwertszeit von Cadmium im menschlichen Organismus wird auf die besonders lange Zeit von 19 Jahren geschätzt. Es kommt also durch eine kontinuierliche Aufnahme geringster Mengen Cadmiums aus dem Zigarettenrauch und der Nahrung zu einer Kumulation, besonders in der Nierenrinde. Hier wird die obere Grenze der Verträglichkeit auf 200 µg pro g Nierengewebe angesetzt, da größere Konzentrationen mit Störungen der Nierenfunktion verbunden sind. Wie Analysen zeigen, haben Raucher doppelt soviel Cadmium in der Niere wie Nichtraucher.

Außerdem schädigen sich Raucher besonders dadurch, daß sie mit dem Tabakinhaltsstoff Nicotin das Flimmerepithel der Lunge hemmen. So findet die Selbstreinigung der Lunge durch den Flimmerstrom nicht mehr statt, und die Schadstoffe können eine ständige chronische Reizung der Bronchien verursachen. Nicotin selbst wird für das doppelt so hohe Vorkommen von Herzerkrankungen bei Rauchern verantwortlich gemacht.

Entsprechend der funktionellen Einteilung des Respirationstraktes in drei Abschnitte gibt es eine Einteilung von Schadstoffen gemäß ihrer Wasserlöslichkeit, welche die Eindringtiefe in das Respirationssystem bestimmt:

1.) Oberer Respirationstrakt

Schadstoffe mit sehr hoher Wasserlöslichkeit reagieren besonders mit den feuchten Schleimhäuten im Rachen und in der Luftröhre. So gelangen Ammoniak, Chlorwasserstoff, Formaldehyd, Dischwefeldichlorid, Acrolein und Fluor wegen ihrer hohen Wasserlöslichkeit nicht weit über den ersten Abschnitt hinaus und üben dort ihre schädigenden Wirkungen wie Verätzungen, Entzündungen und Narbenbildung aus.

2.) Mittlerer Respirationstrakt

Schadstoffe mit mittlerer Wasserlöslichkeit reagieren besonders mit den Bronchien und deren Abzweigungen. So bewirken im zweiten Respirationsbereich z.B. Schwefeldioxid, Chlor und Brom eine vermehrte Schleimabsonderung, Hustenreiz und Bronchokonstriktion mit schwerster Atemnot.

3.) Kleinste Verzweigungen und Lungenbläschen im Respirationstrakt

Erreicht ein Gas oder auch ein Aerosol wegen geringer Wasserlöslichkeit und lipophiler Eigenschaften die kleinsten Röhrenbereiche und die Lungenbläschen, so werden besonders die empfindlichen Epithelzellen der Lungenbläschen geschädigt. Dies gilt für Stoffe wie Ozon, Stickstoffdioxid, Phosgen und Cadmiumoxid, die ein toxisches Lungenödem im dritten Respirationsabschnitt auslösen können.

In den Alveolen gibt es kein Flimmerepithel. Aerosole und Partikel, die bis in die Lungenbläschen vorgedrungen sind, können dort von den Makrophagen, einer bestimmten Art von Phagozyten (Phagozyten sind Freßzellen, die Partikel, Gewebsreste und Bakterien in sich aufnehmen), aufgenommen werden. Durch ihre amöboide Beweglichkeit können die Makrophagen die aufgenommenen Stoffe aus den Lungenbläschen heraus zu den Lymphknoten bringen. Im Gegensatz zu Quarz- und Staubpartikeln werden Asbestfasern von den Makrophagen nicht aus den Lungenbläschen heraustransportiert, sondern bleiben dort als Asbestkörperchen liegen. Es kann dadurch zu einer Asbestose kommen, die sich durch Reizhusten, Atemnot und Auswurf äußert. Die Asbestose führt häufig zu Lungenkrebs, seltener infolge Wanderung der Asbestfasern zu anderen Krebsformen.

2.2 Organisation des menschlichen Körpers

Zu Beginn dieses Kapitels wurde der Organismus als eine "black-box" mit einem Zu- und Abfluß dargestellt (Abb. 3). Eine im Inneren bestehende Organisation bestimmt das weitere Schicksal einer toxischen Substanz nach deren Resorption. Jedoch reicht dieses Modell nicht aus, um toxische Vorgänge, die sich im menschlichen Organismus abspielen können, zu verstehen. Wie bereits für die Oberflächen geschehen (2.1), bedarf es einer eingehenderen Beschreibung der funktionellen Organisation.

Der erwachsene durchschnittliche Europäer hat ein Körpergewicht von 70 kg. Die Gesamtzellzahl wird auf auf 10^{14} Zellen geschätzt. Sie lassen sich etwa 200 verschiedenen Zelltypen zuordnen, die sich zu Verbänden aus gleichartig differenzierten Zellen organisieren. Die Zellverbände bilden vier Hauptformen von Geweben:

Epithelgewebe

Das Epithel- oder Deckgewebe kleidet äußere oder innere Oberflächen des Körpers aus. Beispiele sind das Epithel der Lungenbläschen, der Blutgefäße, der Darmzotten, das Flimmerepithel des Respirationstraktes oder die Hornschicht der Haut.

Binde- und Stützgewebe

Die Binde- und Stützgewebe bestehen aus Zellen und der von ihnen gebildeten zwischenzelligen Grundsubstanz. Ihre Bedeutung liegt, wie der Name verrät, weniger in ihrer Eigenleistung als in Hilfsleistungen für andere Zellen.

Muskelgewebe

Das Muskelgewebe ist als einziges Gewebe zur Kontraktion befähigt und dient zur Körperbewegung, zum Verschluß von Organen oder zu Transportleistungen. Man unterscheidet die quergestreifte Skelett-muskulatur, die Herzmuskulatur und die glatte Muskulatur der inneren Organe wie z.B. Bronchien, Darm, Blase und Blutgefäße.

Nervengewebe

Das Nervengewebe besteht aus den erregbaren Nerven- oder Ganglienzellen mit ihren Ausläufern, den Nervenfasern, und aus dem Gliagewebe (glia, griechisch Leim), welches im Nervensystem etwa dem Bindegewebe entspricht. Die Ganglienzelle mit ihren Fortsätzen wird Neuron genannt. Das Neuron ist das Grundbauelement des Nervensystems. Das menschliche Nervensystem enthält etwa 30 Milliarden Neuronen. Man unterscheidet bei den Neuronen die langen Fortsätze, die Neuriten (bis zu 90 cm lang), strukturell von den kurzen Fortsätzen, den Dendriten.

Im allgemeinen kommen im menschlichen Körper Gewebeverbände einer Art selten ganz allein für sich vor, sie vereinigen sich in der Regel mit anderen Geweben zu Funktionsgemeinschaften, den Organsystemen. Die wichtigsten Organsysteme sind:

- Das Knochensystem einschließlich der Gelenke
- Das Muskelsystem für die Bewegung
- Das Herz-Kreislaufsystem
- Der Atmungsapparat
- Der Verdauungsapparat
- Der Harnapparat
- Das innersekretorische System (hormonale Steuerung)
- Die Fortpflanzungsorgane
- Zentrales (Gehirn und Rückenmark) und peripheres Nervensystem
- Das Sinnessystem (Auge, Gehör und Gleichgewichtsorgan, Geschmacks- und Geruchssinn, Tastsinn)

Die Organsysteme sind für die Toxikologie von besonderer Bedeutung, da eine toxische Wirkung sich oft nur an einem Organ manifestiert. Die Toxikologen nennen dieses Organ dann das k r i t i s c h e Organ. Dieser Begriff bedeutet soviel wie das empfindlichste Organ, d.h. es reagiert bereits bei der niedrigsten toxischen Konzentration. Dabei wird keine Aussage über den Schweregrad der toxischen Wirkung am Organ gemacht. Bei einer toxischen Substanz spricht man von ihrer O r g a n o - t r o p i e (griechisch, auf die Organe gerichtet) und meint damit, daß z.B. Cadmium bevorzugt die Nieren schädigt.

Nach dieser allgemeinen Einführung in die zelluläre Organisation eines Menschen soll nun versucht werden, den Menschen nach seinen Bestandteilen zu analysieren.

Tabelle 3: Nichtmetall-Gehalt eines Menschen von 70 kg Körpergewicht

	Gehalt in g	Konzentration in mmol/kg	Anzahl Atome im Körper	Anzahl Atome pro Zelle
Sauerstoff	45500.00	2.03E+4	1.7E+27	1.7E+13
Kohlenstoff	12600.00	1.50E+4	6.4E+26	6.4E+12
Wasserstoff	7000.00	5.00E+4	4.2E+27	4.2E+13
Stickstoff	2100.00	1.07E+4	9.1E+25	9.1E+11
Phosphor	700.00	3.22E+2	1.4E+25	1.4E+11
Schwefel	175.00	7.81E+1	3.3E+24	3.3E+10
Chlor	105.00	4.23E+1	1.8E+24	1.8E+10
Fluor	0.80	6.00E-1	2.6E+22	2.6E+8
Iod	0.03	3.40E-6	1.5E+20	1.5E+6

Tabelle 4: Metall-Gehalt eines Menschen von 70 kg Körpergewicht

	Gehalt in g	Konzentration in mmol/kg	Anzahl Atome im Körper	Anzahl Atome pro Zelle
Calcium	1050.000	3.74E+2	1.6E+25	1.6E+11
Kalium	140.000	5.12E+1	2.2E+24	2.2E+10
Natrium	105.000	6.52E+1	2.8E+24	2.8E+10
Magnesium	35.000	2.06E+1	8.7E+23	8.7E+9
Eisen	4.200	1.07E+0	4.5E+22	4.5E+8
Zink	2.330	5.09E-1	2.2E+22	2.2E+8
Kupfer	0.110	2.50E-2	2.6E+22	1.0E+7
Molybdän	0.005	7.40E-7	3.2E+19	3.2E+5
Cobalt	0.003	7.30E-7	3.0E+19	3.0E+5

Die Tabellen 3 und 4 geben den mittleren Gehalt des menschlichen Körpers für die wichtigsten Elemente an. Die erste Spalte zeigt die absolute Menge, die zweite die Konzentration des Elements in mmol/kg (Sauerstoff als O_2, Wasserstoff als H_2 und Stickstoff als N_2). Spalte 3 gibt die absolute Anzahl der im Körper vorkommenden Atome an, während die letzte Spalte, bei angenommener Gleichverteilung, die in einer Zelle (10^{14} Zellen im Körper) vorkommenden Atome tabelliert (Zahlen aus Merian 1987)

Wenn man die elementare Zusammensetzung des Menschen prozentual ausdrückt, so entfallen auf die 9 Nichtmetalle 98 % des Körpergewichts, für die Metalle Natrium, Kalium, Calcium und Magnesium errechnen sich 1.89 %, und für die essentiellen Schwermetalle, die man wegen ihres geringen Vorkommens auch als Spurenelemente bezeichnet, bleiben nur 0.012 % des Körpergewichts übrig.

Obwohl der Mensch aus über 100 000 verschiedenen Arten von Molekülen besteht, gibt es nur wenige unterschiedliche Typen von Makromolekülen, wie z.B. die Proteine, Nucleinsäuren, Kohlenhydrate und Lipide.

Beim durchschnittlichen jungen Mann sind 18 % des Körpergewichts Proteine, Nucleinsäuren und Kohlenhydrate, 15 % Lipide und 7 % Mineralstoffe. Die restlichen 60 % sind Wasser. Die Strukturen der Moleküle, auf denen das Leben aufgebaut ist, wie Proteine, Nucleinsäuren, Lipide und Kohlenhydrate, werden von den Wechselwirkungen mit ihrer wäßrigen Umgebung bestimmt.

Biologische Vorgänge lassen sich nur unter Einbeziehung der physikalischen und chemischen Eigenschaften des Wassers verstehen. Der Wasserraum des Menschen ist nicht homogen, sondern wird funktionell in verschiedene Räume unterteilt. Diese Tatsache ist wichtig für das Verständnis der Toxikokinetik und führt uns zum nächsten Abschnitt, den Verteilungsräumen des Menschen.

2.2.1 Die Verteilungsräume

Neben 40 % fester Bestandteile entfallen 60 % des Körpergewichtes eines jungen Mannes auf Wasser. Grundsätzlich ist die Relation fester Körperbestandteile zum Gesamtkörperwasser von Alter und Geschlecht abhängig. Die folgende Tabelle gibt eine Übersicht über das Gesamt-Körperwasser in Abhängigkeit von Alter und Geschlecht.

Gesamt-Körperwasser in % des Körpergewichtes
in Abhängigkeit von Alter und Geschlecht

	männlich	weiblich
Neugeborenes	80 %	80 %
10 - 18 Jahre	59 %	57 %
18 - 40 Jahre	61 %	51 %
40 - 60 Jahre	55 %	47 %
über 60 Jahre	52 %	46 %

Tabelle 5. Beim Neugeborenen ist der Gesamt-Körperwassergehalt mit etwa 80 % am größten und bei der älteren Frau mit ungefähr 46 % am kleinsten (nach Edelmann und Liebmann, Amer. J. Med. 27, 256, 1959)

Toxische Substanzen können sich im Gesamt-Wasserraum verteilen, wenn sie hydrophile Eigenschaften besitzen, sie können sich im Fettgewebe und in den Membranen anreichern, wenn sie lipophil sind, oder in Knochen und Zähne eingelagert werden, wenn sie eine hohe Affinität zu Mineralien haben, wie z.B. Blei und Strontium.

Wegen ihrer unterschiedlichen funktionellen Beschaffenheit kann man als Wasserräume drei verschiedene Räume oder K o m p a r t i m e n t e voneinander abgrenzen. Sie sind von prinzipieller Bedeutung für die Verteilung toxischer Substanzen, da jedes Kompartiment eine vergleichbare chemische Zusammensetzung hat und durch Barrieren abgegrenzt wird, die ähnliche physikalisch-chemische Eigenschaften besitzen:

1.) Der i n t r a v a s a l e R a u m umfaßt das Gesamt-Blut-Volumen. Er setzt sich aus dem Blutflüssigkeits- oder Plasmavolumen und dem Zellraum zusammen (der prozentuelle Anteil der roten Blutzellen oder Erythrozyten am gesamten Blutvolumen beträgt etwa 45 % = Hämatokritwert). Der Blutflüssigkeitsraum beträgt 4-5 % des Körpergewichts. Wenn man noch das Volumen der roten Blutzellen hinzurechnet, ergeben sich insgesamt etwa 8 % des Körpergewichts für den gesamten intravasalen Raum. Die Abgrenzung zum nächstfolgenden Raum geschieht durch die Wände der Blutgefäße.

2.) Der Zwischenzell- oder interstitielle Raum umschließt den Raum, der einerseits von den Blutgefäßwänden begrenzt wird, andererseits an die Membranen der Körperzellen anschließt. Die Größe dieses Wasserraumes wird mit 15 % angegeben.

3.) Der intrazelluläre Raum. Damit ist der Wasserraum aller einzelnen Körperzellen gemeint, er stellt den größten Wasserraum mit ungefähr 41 % des Körpers dar.

Bei der schwangeren Frau kann zusätzlich das ungeborene Kind als ein weiteres Kompartiment aufgefaßt werden, das durch den Mutterkuchen (Plazenta) vom mütterlichen Organismus abgeteilt wird.

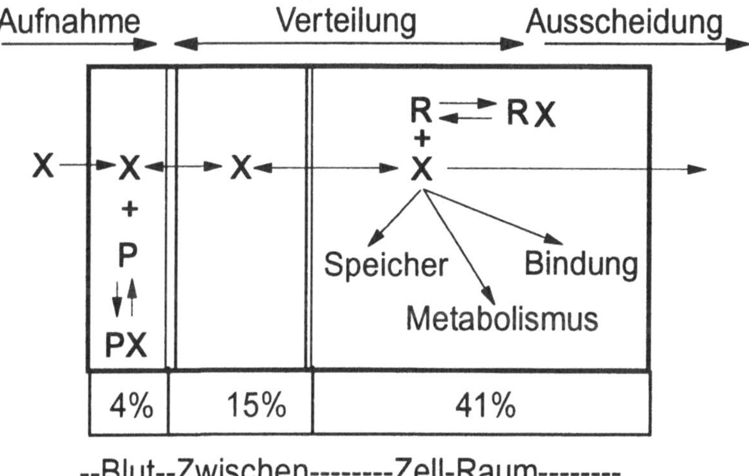

Abbildung 9 zeigt das Schicksal einer toxischen Substanz im menschlichen Körper. Die doppelten Linien repräsentieren die Gefäßwände bzw. die Zellmembranen. Die Zahlen geben den Prozentsatz der drei Wasserräume am Körpergewicht eines erwachsenen Mannes wieder. X ist die freie Konzentration einer toxischen Substanz, PX der Plasma-Protein-Komplex mit der toxischen Substanz und RX der entsprechende Rezeptor-Komplex

Die Summe aus Blutflüssigkeits- oder Plasmaraum, Zwischenzellflüssigkeit und Zellwasser beträgt bei dem obigen Beispiel 60 % des Körpergewichts oder etwa 42 Liter Wasser bei einem durchschnittlichen Körpergewicht von 70 kg. Auf den Plasmaraum entfallen dann ca. 3 Liter, auf den Zellzwischenraum etwas mehr als 10 Liter und auf das Zellwasser fast 29 Liter.

Aus funktionellen Gründen kann man den Blut- und den Zwischenzellflüssigkeitsraum als den extrazellulären Raum dem intrazellulären Raum gegenüberstellen. Aus dem extrazellulären Raum entnehmen die Zellen Sauerstoff und Nahrungsstoffe und scheiden Stoffwechselendprodukte aus. Die Zusammensetzung der Elektrolyte im Blut- und Zwischenzellraum ist praktisch identisch. Ein wichtiger Unterschied betrifft die Plasmaproteine, die sich nur im Blutraum (darum der Name Blutplasma) befinden. Nach einer alten Theorie entspricht die Elektrolytzusammensetzung der extrazellulären Flüssigkeit der des erdgeschichtlichen Urmeeres.

Wie in Abbildung 9 gezeigt, ist eine wichtige Funktion der Plasmaproteine, toxische Substanzen zu binden. In der Regel gilt für eine toxische Substanz, daß ihre freie, nichtgebundene Konzentration für die toxische Wirkung verantwortlich ist und nicht die gebundene Fraktion. Dies gilt besonders für toxische Schwermetalle, die so durch Bindung oder Speicherung entgiftet werden können.

Theoretisch ist die Größe jedes einzelnen Körperflüssigkeitsvolumens bestimmbar, indem man Substanzen, die sich nur in einem Kompartiment verteilen, direkt einbringt und deren Verteilungsvolumen berechnet. Auf diesem Wege ließ sich das Plasmavolumen mit dem Farbstoff Evansblau, der fest an die Plasmaproteine gebunden wird, bestimmen. Wenn X die Menge des in das Blut eingebrachten Farbstoffes ist und nach kurzer Zeit seine Konzentration c im Blut bestimmt wird, dann ist:

$c = X/V_d$, wobei V_d das Verteilungsvolumen wiedergibt, und $V_d = X/c$

Bei einer Injektion von 300 µg Evansblau in die Blutbahn ergab sich z.B. nach der gleichmäßigen Verteilung des Farbstoffes im Blutraum eine Konzentration von 100 µg/Liter. Daraus errechnete sich für das

Verteilungsvolumen 3 Liter. Das gesamte Körperwasser kann entweder mit D_2O oder mit tritiummarkiertem Wasser nach der obigen Methode bestimmt werden. Größere Schwierigkeiten bereitet dagegen die Bestimmung des Zwischenzell- und des Zellraumes.

2.2.2 Das zirkulatorische System

Das Blut ist das wichtigste System der zirkulierenden Flüssigkeiten. Nachdem eine toxische Substanz von der Haut, aus dem Magen-Darm-Trakt oder durch den Respirationstrakt aufgenommen worden ist, kann sie in die Blutbahn gelangen. Neben einem schnellen Abtransport erfolgt eine kräftige Durchmischung. Das Herz pumpt bereits im Ruhezustand das gesamte Blut eines Erwachsenen, bestehend aus etwa 3 Litern Blutplasma und 2.6 Litern roten Blutzellen, in einer Minute durch das Gefäßsystem.

Die Konzentration einer toxischen Substanz läßt sich schnell und genau nach Entnahme einer Blutprobe chemisch bestimmen. Für den Arzt ist der Blutraum das Kompartiment, zu dem er durch eine in die Vene eingeführte Kanüle direkten Zugang gewinnen kann. Wegen der funktionellen Bedeutung nennt man diesen Raum auch das *zentrale Kompartiment*. In der ärztlichen Umgangssprache wird die Konzentration der aus dem Blut bestimmten Substanz als "*Blutspiegel*" bezeichnet. Der Arzt gewinnt aus dem zeitlichen Verlauf des Blutspiegels einer toxischen Substanz wichtige Informationen über die Prognose einer toxischen Wirkung und entscheidet über ärztliche Notmaßnahmen.

Die Blutgefäße grenzen den Blutraum vom Zwischenzellraum ab, ihre Durchlässigkeit bestimmt die Diffusion einer toxischen Substanz in den Zwischenzellraum. Die Gefäßwände sind z.B. unüberwindliche Barrieren für die roten Blutzellen. Auch die Plasmaproteine können nicht in den Zwischenzellraum penetrieren. Dagegen können kleinere Moleküle durchaus diese Barriere überwinden. Die Gefäßwände können vereinfacht als eine Lipidmembran mit wassergefüllten Poren angesehen werden. Bei den Blutgefäßen muß man verschiedene Größen unterscheiden. Für den Austausch von Sauerstoff, Kohlendioxid, Wasser, Salzen, Nährstoffe, etc. haben nur die kleinsten Haargefäße oder Kapillaren eine Bedeutung. Ihr Durchmesser beträgt ca. 5-25 µm und ihre Länge etwa 2 mm. Ihre Gefäßwände bestehen aus zwei Schichten, die innere Schicht bilden

Epithelzellen oder Endothelien und die äußere Schicht die sogenannte Basalmembran. Es lassen sich vier verschiedene Kapillartypen mit unterschiedlichen Permeationseigenschaften für hydrophile und lipophile Substanzen unterscheiden:

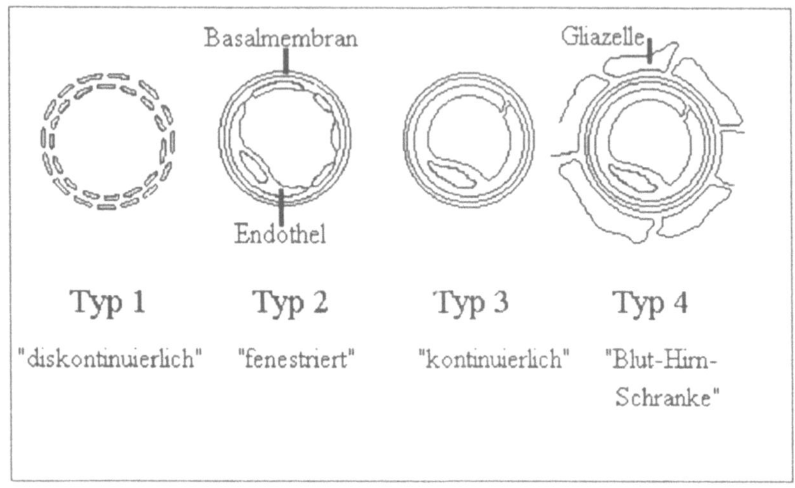

Abbildung 10 zeigt einen Querschnitt durch die vier verschiedenen Kapillartypen

Beim "diskontinuierlichen" Typ sind das innere Endothel und die äußere Basalmembran lückenhaft und damit sehr durchlässig für hydrophile Moleküle. Diese Kapillargefäße findet man in der Leber, der Milz und im Knochenmark.

Beim "fenestrierten" Typ sieht man, daß das Endothel fensterähnliche Öffnungen aufweist. Es resultiert eine gute Durchlässigkeit für wasserlösliche Moleküle. Diesen Typ findet man im Magen-Darm-Kanal, in den Nieren und in Drüsen.

Der "kontinuierliche" Typ zeigt ein geschlossenes Endothel und eine geschlossene Basalmembran und ist wenig permeabel für hydrophile Moleküle. Wir finden diese Gefäße in glatten Muskeln sowie in Herz- und Skelettmuskeln.

Der letzte Typ ist eine Sonderform des "kontinuierlichen" Typs. Eine fast vollständige Undurchlässigkeit für hydrophile Fremdstoff-Moleküle wird durch eine von außen dicht anliegende Schicht von Gliazellen erreicht. Diese Barriere finden wir im Gehirn und im Rückenmark, sie wird "Blut-Hirn-Schranke" genannt.

Zusätzlich zu den Unterschieden in der Ausstattung mit verschiedenen Kapillartypen bestehen auch Unterschiede in der Durchblutung der Organe und Gewebe. Eine toxische Substanz wird zunächst mit dem Blutstrom bevorzugt in diejenigen Organe und Gewebe gelangen, die am besten durchblutet sind. Für die Blutversorgung eines Organs ist die Durchblutung pro Gramm Organgewicht aussagekräftiger als die reine Blutflußangabe in ml/Minute. Da die Zahlenangaben in der Literatur beträchtlich schwanken, soll hier nur eine grobe Klassifizierung vorgenommen werden.

Organe	ml/Minute pro 100 g Gewebe
Niere	500.0
Gehirn, Herz, Leber	50.0
Haut, Muskulatur	5.0
Fett-, Bindegewebe	0.5

Tabelle 6 gibt die Durchblutung einiger Organe und Gewebe größenordnungsmäßig in ml Blut pro 100 g Gewebe und Minute wieder. In die gleiche Gruppe wie Gehirn, Herz und Leber fallen auch Organe wie Magen, Darm und Milz

2.2.3 Der "kolloidosmotische" Druck der Plasmaproteine

Unter den im Plasma gelösten Substanzen dominieren mengenmäßig die Plasmaproteine mit etwa 72 g pro Liter beim Erwachsenen. Wegen ihres hohen Molekulargewichtes von 66 kDa bis zu 1 000 kDa (Da = Dalton, ein Dalton ist definiert als 1/12 der Masse eines ^{12}C-Atoms und entspricht somit dem Molekulargewicht, welches in analoger Weise als das Verhältnis der Partikelmasse zur atomaren Masseneinheit angegeben wird) tragen sie jedoch nur relativ wenig zum gesamten osmotischen Druck der Blutflüssigkeit bei, der bei etwa 300 milliosmol pro Liter liegt bzw. einem Druck von 6.72 Atmosphären entspricht (der osmotische Druck von 1 osmol Teilchen in einem Liter Wasser gelöst beträgt 22.4 Atmosphären und wird durch $6.02 \cdot 10^{23}$ osmotisch wirksame Teilchen hervorgerufen).

Aus der Kolloidchemie wurde der Begriff "Kolloid" auch auf die Proteine übertragen und hat dabei früher zur Verwirrung über die Natur der Proteine geführt. Mit kleinen Einschränkungen (nämlich einer möglichen Aggregation der Proteine) liegen die Proteine in wässriger Lösung als einzelne Moleküle vor, die entsprechend ihrer Teilchenzahl zum osmotischen Druck beitragen. Der entsprechende osmotische Druck beträgt 1.5 mosmol pro Liter bzw. 25 mmHg (1 mmHg = 1 Torr, Torr wurde nach Torricelli, dem Erfinder des Quecksilberbarometers benannt). Die Gefäßwände der Kapillaren verhindern eine wesentliche Penetration der großen Plasmaproteine in die Zwischenzellflüssigkeit und verursachen dadurch eine Druckerhöhung in den Gefäßen, den sogenannten "kolloidosmotischen" Druck (kolloidosmotischer Druck = osmotischer Druck hervorgerufen durch Proteine).

Die Filtration von Flüssigkeit aus der Kapillare hängt vom Filtrationsdruck (hydrostatischer Druck in der Kapillare minus dem der Zwischenzellflüssigkeit) und dem "kolloidosmotischen" Druck ab.

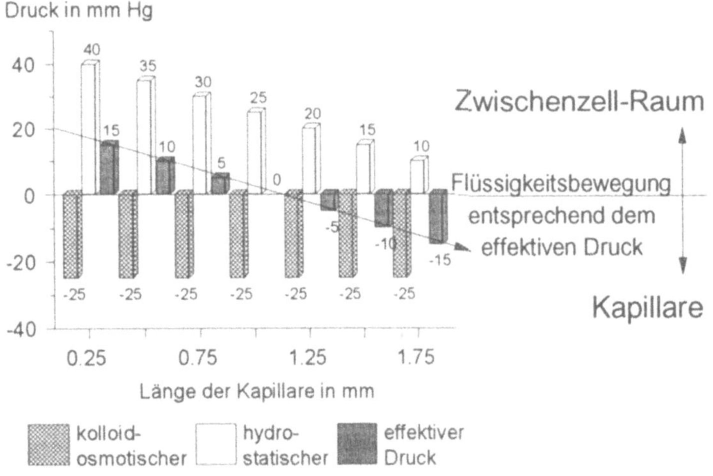

Abbildung 11 gibt einen optischen Eindruck des Druckverlaufes in einer Kapillare (geschätzte Gesamtlänge aller Kapillaren: 95 000 km). Die Oberfläche sämtlicher Kapillaren beträgt ca. 6 000 - 8 000 m²

Am Anfang der Kapillare ist der Filtrationsdruck größer als der kolloidosmotische Druck, und es resultiert ein entsprechender Flüssigkeitsstrom aus dem Gefäß heraus in Richtung Zwischenzellflüssigkeit. Am Ende der Kapillare ist der Filtrationsdruck geringer als der kolloidosmotische Druck, und es erfolgt eine Flüssigkeitsbewegung in die entgegengesetzte Richtung und zwar zurück in die Kapillare.

Dieser physiologische Flüssigkeitskreislauf der Kapillar-Zirkulation dient der Versorgung der Zellen mit Nährstoffen und dem Abtransport der Stoffwechselschlacken. Das bewegte Flüssigkeitsvolumen ist beträchtlich, es beträgt ungefähr 3 Liter pro Minute. Damit entspricht es also der Menge des gesamten Blutplasmas in dieser kurzen Zeitspanne. Selbstverständlich wird auch durch die Kapillar-Zirkulation eine toxische Substanz wirksam verteilt.

2.3 Der Aufbau von Zellmembranen

Verfolgt man den Weg einer toxischen Substanz weiter, so diffundiert sie aus dem Blut in den Zwischenzellraum und gelangt von dort zu der nächsten Barriere, der Zellmembran.

Eine gemeinsame biologische Funktion aller Membranen besteht darin, Abläufe in der Zelle kontrollierbar zu gestalten. Dies geschieht erstens durch die räumliche Abgrenzung der Zelle (Kompartimentierung) und zweitens über eine Regulation des Zu- und Abflusses. Die Zusammensetzung des intrazellulären Milieus wird durch einen geregelten Membrantransport von Nahrungsstoffen, Ionen und Abfallprodukten dynamisch und energetisch optimiert.

2.3.1 Amphiphile Biomoleküle

Vorstellungen über die Entstehung des Lebens gehen davon aus, daß das Leben im Wasser, dem Urmeer, enstanden ist. Die meisten Biomoleküle sind amphiphil (griechisch: amphi = beides, philos = liebend), sie sind damit hydrophil und hydrophob zugleich. Amphiphile Moleküle bilden in Wasser bevorzugt geordnete Aggregate aus, die sich zu kugelförmigen Gebilden, den M i c e l l e n, zusammenlagern können. Die hydrophilen

Gruppen der Amphiphile befinden sich dabei auf der Außenfläche einer Kugel und gehen mit dem Wasser Wechselwirkungen ein, während die hydrophoben Gruppen das Kugelinnere ausfüllen.

Eine weitere Möglichkeit der Anordnung der Amphiphilen besteht darin, daß sie sich in Form von Doppelschichten anordnen. Die hydrophoben Anteile zeigen dabei in die Doppelschicht hinein und bilden für Wassermoleküle eine wirksame Barriere (Lipidmembran). Die Doppelschichten weisen mit ihren hydrophilen Gruppen nach außen. Sie können bei V e s i k e l b i l d u n g innen einen Wasserraum (Kompartiment) umschließen.

Die Vesikelbildung gilt als ein Modell für die Zellentstehung. Erst durch die Kompartimentierung konnte ein biologisches System seinen Selektionsvorteil ausnutzen. Dabei hat das Grenzgebiet der Membran selbst eine katalytische Funktion, indem es bestimmte Ionen und biologische Moleküle anreichert und damit günstigere Voraussetzungen für chemische Reaktionen schafft.

2.3.2 Vom Erythrozyten zum Membranmodell

Mit der doppelschichtigen Vesikelstruktur, die einen Wasserraum umschließt, ist schon ein Teilaspekt der Membran erklärt, nämlich die Barrierefunktion. Der geschichtliche Weg der Entwicklung von Vorstellungen über die Membran nahm ihren Ausgang von einfachen Zellen, die man leicht in großer Anzahl gewinnen konnte. Dies sind die roten Blutzellen, die E r y t h r o z y t e n. Durch Venenpunktion können sie in ausreichender Menge gewonnen werden. Das Blut eines Erwachsenen enthält 45 % Erythrozyten oder $5 \cdot 10^6$ Erythrozyten pro Mikroliter. Die Anzahl der weißen Blutzellen (Leukozyten) im gleichen Volumen ist dagegen gering mit nur 0.005 bis $0.01 \cdot 10^6$ Zellen. Durch Waschen des Blutes auf einer Zentrifuge gewinnt man ein fast reines Erythrozytenkonzentrat.

Die menschlichen Erythrozyten sind insofern Ausnahmezellen, als sie sich mit ihrem hohen Hämoglobingehalt auf den Sauerstofftransport im Blut spezialisiert haben. Diese Zellen sind zu über 90 % mit kugeligen

Hämoglobinmolekülen angefüllt (etwa 300 · 10^6 Moleküle pro Erythrozyt) und besitzen weder einen Zellkern noch andere membranöse Organellen. In dieser Hinsicht sind sie ideal zur chemisch-physikalischen Membrananalyse geeignet, wenn man vorher das Hämoglobin und den Inhalt des Erythrozyten entfernt.

Im Jahre 1925 wurden auf diese Weise von zwei Niederländern, E. Gorter und F. Grendel (Literatur Abb. 12), Erythrozytenmembranen präpariert, nachdem sie vorher die Zellen unter dem Mikroskop ausgezählt und die Zelloberfläche einer Einzelzelle berechnet hatten. Aus der Anzahl der Erythrozyten multipliziert mit der Zelloberfläche einer Einzelzelle ergab sich die Gesamtoberfläche der Membranprobe.

Aus der Membranprobe wurden nun mit Aceton die Membranlipide, hauptsächlich amphiphile Phospholipid-Moleküle, extrahiert und durch Verdampfen des Acetons eingeengt. Nach der chemischen Extraktion bedienten sich die Forscher einer physikalischen Methode, um die Fläche der Phospholipide zu bestimmen. Dazu wurden die amphiphilen Phospholipid-Moleküle in einem sogenannten "Langmuir'schen Trog" an der Wasseroberfläche, der Grenzschicht Luft-Wasser, ausgespreitet und die Fläche der Phospholipidschicht vermessen, nachdem vorher mit Hilfe einer empfindlichen Waage die Phospholipid-Moleküle zu einem monomolekularen Film zusammengeschoben worden waren.

Der Versuch führte zu dem Ergebnis, daß man die Oberfläche des Erythrozyten genau mit der doppelten Phospholipidschicht bedecken kann. Als einfachstes Modell einer Zellmembran bot sich somit die "Lipiddoppelschicht" an (Abb. 12).

In einer nachträglichen Überprüfung des Experiments wurden zwei Fehler entdeckt. Nur ein glücklicher Zufall, die Kompensation der beiden Fehler, hat den beiden Forschern zu dem Modell verholfen. Auf der einen Seite war die bikonkave Form des Erythrozyten, die eine große Oberfläche für den Sauerstoffaustausch schafft, als zu klein berechnet worden, auf der anderen Seite war die chemische Phospholipidextraktion mit Aceton unvollständig ausgefallen. Trotz dieser beiden experimentellen Fehler wurde uns ein essentielles Membranmodell beschert, das auch heute noch seine Gültigkeit besitzt.

Eine Modellvorstellung hat den großen Vorteil, daß sie gezielte Folgeexperimente ermöglicht, die die Richtigkeit des Modells beweisen oder verneinen können. Im Jahre 1934 wiesen E.N. Harvey und H. Shapiro (Literatur und Resultate Abb. 12) darauf hin, daß die Oberflächenspannung eines Lipidtropfens etwa 60 mal größer als die einer Eizelle ist. Somit konnte das einfache Membranmodell der Lipiddoppelschicht nicht richtig sein. Durch Vorstellung eines aufgelagerten Proteinfilms wurden zunächst die Widersprüche des Spannungsunterschiedes zwischen Zelle und Lipidtropfen beseitigt. Dies führte zur "gemischten Protein-Lipidfilm- Theorie" der Membran (Danielli und Davson, 1935, Abb. 12).

Auch das Modell der "gemischten Protein-Lipiddoppelschicht" wurde durch gezielte Experimente zu Fall gebracht, da eine durchgehende Lipiddoppelschicht für Moleküle wie Glukose oder das Hydrogencarbonat-Anion zu wenig durchlässig ist. Dies steht ganz im Gegensatz zur Erythrozytenmembran und zu anderen tierischen Zellmembranen, die z.B. für das wasserlösliche Glukose-Molekül 10^6mal besser permeabel sind als reine Lipidmembranen. Um die lange Entdeckungsgeschichte abzukürzen, sei hier als Resultat festgehalten, daß für den Transport von Substraten verschiedene Transportproteine verantwortlich sind, die in die Lipiddoppelschicht eingelagert sind.

Schließlich wurde im Jahre 1972 von S. J. Singer und G. L. Nicolson das "Flüssig-Mosaik-Modell" der Membran entwickelt (Abb. 12). Das molekulare Membranmodell geht davon aus, daß die Membranproteine, welche Transportproteine, Rezeptoren, Enzyme oder Strukturproteine sein können, in die Lipiddoppelschicht eingetaucht sind. Die hydrophoben Bereiche sind in das Innere der Membran eingebettet, und die hydrophilen Teile sind den wäßrigen Innen- und Außenlösungen zugewandt. Die Bestandteile der Membran, Lipide und Proteine, werden ausschließlich durch nicht-kovalente Bindungen zusammengehalten und können innerhalb der Membran lateral (seitlich) diffundieren.

Der Austausch der Lipide von einer Seite der Membran zur anderen ("flip-flop" oder "transverse diffusion") ist im Gegensatz zur lateralen Diffusion ein sehr langsamer Prozeß. Ein "flip-flop" der Proteine wurde dagegen nicht beobachtet.

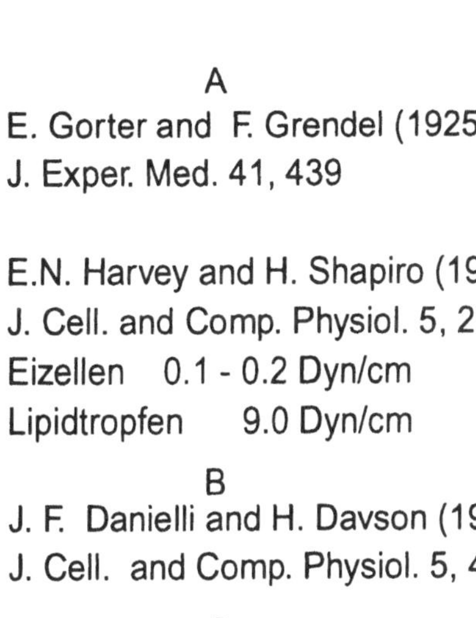

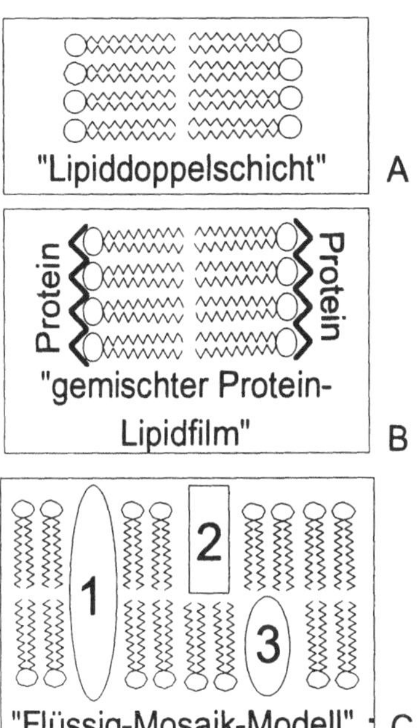

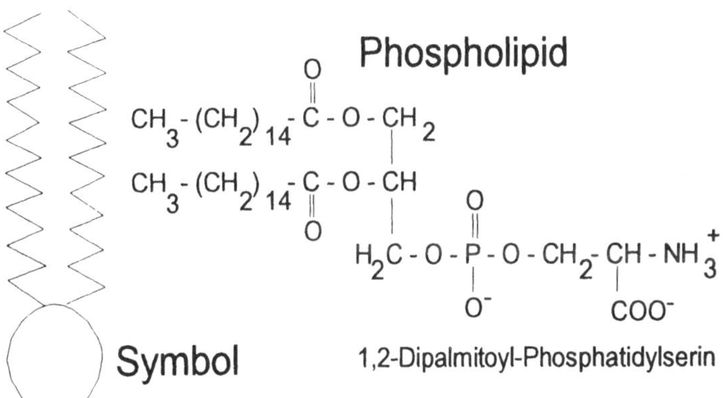

Abbildung 12. Membranmodelle. A, B und C gibt die Zuordnung der Modelle zu den Autoren an. Die Oberflächenspannung von Eizellen und Lipidtropfen ist in Dyn/cm angegeben (Harvey and Shapiro). 1, 2 und 3 sind verschiedene Membranproteintypen (Singer and Nicolson). Das verwendete Symbol für ein Phospholipidmolekül wird anhand der Strukturformel des 1,2-Dipalmitoyl-Phosphatidylserins erklärt. Die beiden hydrophoben Schwänze werden von den Fettsäuren (vorherrschend Palmitin-, Öl-, Linol- und Stearinsäure aus 16 oder

18 C-Atomen aufgebaut) gebildet, die mit Glycerin oder seltener Sphingosin verestert sind. Die letzte Hydroxylgruppe führt zum hydrophilen Anteil (runder Kopf) und ist mit Phosphorsäure verestert, die andererseits mit Cholin, Ethanolamin, Serin oder Inosit einen Diester bildet

Folgende Merkmale einer Membran können herausgestellt werden:

1.) Membranen sind hauchdünne Filme, die kleine Kompartimente mit unterschiedlichem Zellinhalt allseitig umschließen und begrenzen. Sie bestehen aus wenigen Molekülschichten, ihre Dicke liegt meist zwischen 6 und 10 nm.

2.) Membranen sind hauptsächlich aus Lipiden und Proteinen aufgebaut. Der Proteinanteil liegt meist zwischen 40 und 60 %. Außerdem enthalten sie wechselnde Anteile von Kohlenhydraten, die an Lipide und Proteine gebunden sind.

3.) Die Membranlipide sind relativ kleine Moleküle mit amphiphilen Eigenschaften. Die Hauptgruppe bilden die Phospholipide, danach kommen die eine Kohlenhydratgruppe enthaltenden Glykolipide und schließlich neutrale Lipide wie das Cholesterin.

4.) Die Membranproteine haben spezifische Funktionen. Sie wirken als Transporter für verschiedene Nährstoffe und Ionen, als Ionen-Kanäle, als Rezeptoren mit Signalfunktion, als Energieübermittler und als Enzyme. Außerdem dienen sie als Strukturelemente, welche z.B. das Zytoskelett der Zelle bilden.

5.) Die Membranbestandteile werden ausschließlich durch viele nicht-kovalente Bindungskräfte kooperativ zusammengehalten. Die Anordnung in der Membranmatrix hat eine Maximierung der hydrophoben Wechselwirkungen zwischen den Molekülen zur Folge und ist daher energiearm und thermodynamisch stabil. Für hydrophile Substanzen wird hiermit eine effektive Barriere gebildet.

6.) Proteine und Lipide sind asymmetrisch verteilt. Kohlenhydrate finden sich ausschließlich auf der äußeren Oberfläche der Membran.

7.) Membranen haben Fließ-Eigenschaften. Die Lipide besitzen eine schnelle laterale Diffusion. Dies gilt auch für die Proteine, die wie Eisberge in einem zweidimensionalen Lipid-Meer herumschwimmen, wenn sie nicht mit oder durch die Strukturproteine verankert sind. Eine langsame transverse Diffusion wie bei den Lipiden wurde für Proteine nicht beobachtet.

2.3.3 Kompartimentierung innerhalb von Zellen

Nachdem eine toxische Substanz die Barriere der Zellmembran überwunden hat, tritt sie in das Zytoplasma ein. Im Zytoplasma befinden sich unter anderem viele gelöste Enzyme, wie z.B. die Enzyme für den glykolytischen Abbau der Glukose. Beim Erythrozyten als einer Ausnahmezelle besteht das Zellinnere aus einem einzigen Kompartiment, das zum größten Teil mit Hämoglobin angefüllt ist. Alle anderen Zellen (auch die unreifen Vorstufen der Erythrozyten) besitzen im Zellinneren weitere Kompartimente, die ebenfalls durch Membranen begrenzt werden. Die intrazellulären Kompartimente enthalten unterschiedliche enzymatische Ausstattungen und erleichtern damit die Regulation einer Vielzahl von Stoffwechselwegen. Die nächste Abbildung gibt eine Übersicht über die intrazellulären Kompartimente (Organellen).

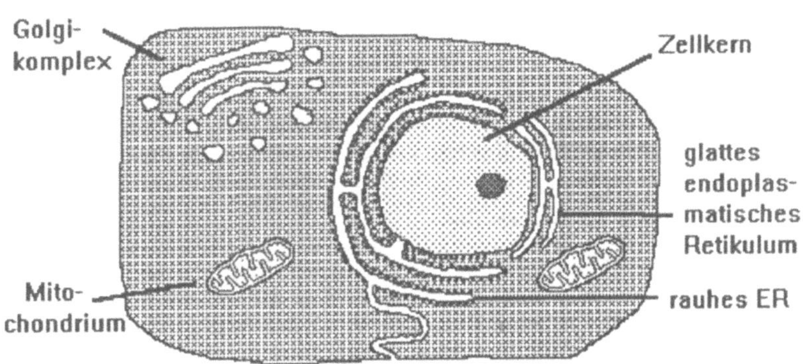

Abbildung 13. Schema des submikroskopischen Aufbaus einer Zelle. Der Zellkern steht über Poren mit dem Zytoplasma in Verbindung. Der zytoplasmatische Raum ist zum allergrößten Teil ausgefüllt mit weiteren Organellen, dem glatten und rauhen endoplasmatischen Retikulum (ER), Mitochondrien, dem Golgikomplex und den hier nicht gezeichneten Polysomen

Der Zellkern wird von einer Doppelmembranhülle umschlossen, die die Desoxyribonukleinsäure (DNS) einschließt. Die genetische Information ist in den Basensequenzen der DNS-Moleküle codiert, die eine bestimmte, für alle Lebewesen charakteristische Anzahl von Chromosomen bilden.

Das umfangreichste intrazelluläre Membransystem ist das endoplasmatische Retikulum, welches ein schlauchartiges Röhrensystem darstellt. Es ist sowohl mit der Zellkernmembran als auch mit der Zellmembran verbunden.

Ein großer Teil dieser Organelle, das sogenannte rauhe endoplasmatische Retikulum, ist mit Ribosomen besetzt. In diesen läuft die Synthese von Proteinen ab, die entweder zu den Membranen gebracht werden oder für die Ausschleusung aus der Zelle bestimmt sind.

Im glatten endoplasmatischen Retikulum, das keine Ribosomen besitzt, werden die Lipide synthetisiert. Außerdem enthält das glatte endoplasmatische Retikulum die wichtigen Enzymsysteme, die im wesentlichen für den Abbau von Fremdstoffen, für die Biotransformation, verantwortlich sind, wie z.B. die Cytochrom P-450-Monooxygenasen und UDP-Glucuronyl-Transferasen. Viele Substanzen, die im endoplasmatischen Retikulum entstehen, werden weiter in den Golgikomplex transportiert und dort weiter verarbeitet.

In den Mitochondrien, die mit einer Doppelmembran umgeben sind, erfolgt die eigentliche Zellatmung. Mit Hilfe des Sauerstoffs werden die Nährstoffe zu den Stoffwechselendprodukten CO_2 und Wasser abgebaut. Dabei entsteht die energiereiche Verbindung Adenosintriphophat (ATP), die überall in der Zelle als universaler " Brennstoff " und als Energielieferant eingesetzt werden kann.

Die Lysosomen sind von einer Einzelmembran umhüllte Organellen, die in Größe und Aussehen variieren können. Sie enthalten eine Vielzahl von hydrolytischen Enzymen für die Verdauung zellfremder Substanzen sowie für das Recycling zelleigener Bestandteile. Zytologische Untersuchungen haben ergeben, daß die Lysosomen durch Abschnürung aus dem Golgi-Apparat entstehen.

2.3.4 Permeabilität von Membranen für toxische Substanzen

Bei der Aufnahme, Verteilung und Ausscheidung müssen toxische Substanzen unter Umständen verschiedene Membranen überwinden. Der Transport von kleinen Molekülen kann am einfachsten durch passive Diffusion erfolgen, oder durch ein Transportprotein vermittelt werden. Die für den Substrattransport vorgesehenen Transporter sind nur in den wenigsten Fällen für die Translokation körperfremder Moleküle geeignet. Der häufigste Mechanismus der Permeation von toxischen Substanzen durch Membranen erfolgt durch passive Diffusion.

Transport durch Diffusion

In einer homogenen Lösung bewegen sich die Moleküle mit gleicher Wahrscheinlichkeit in alle Raumrichtungen, d.h. in einem abgeschlossenen Kompartiment bleibt die Gesamtkonzentration unabhängig von der Zeit konstant. Bestehen aber Konzentrationsunterschiede zwischen zwei benachbarten Raumteilen eines Lösungsraums, so werden Moleküle von dem Raumteil höherer Molekülkonzentration zu demjenigen niedrigerer Konzentration transportiert, bis ein Konzentrationsausgleich stattgefunden hat.

Dieser Stofftransport findet grundsätzlich auch statt, wenn zwei Lösungen von unterschiedlicher Molekülkonzentration durch eine permeable Membran getrennt werden. Eine Membran ist insofern eine Transportbarriere für alle Substanzen, deren Löslichkeit und Beweglichkeit in der Membran viel geringer als in der angrenzenden Körperflüssigkeit ist. Nach ihren physikalisch-chemischen Eigenschaften, die für die Diffusion durch biologische Membranen bestimmend sind, lassen sich Substanzen in vier Gruppen einteilen:

a. Elektrolyte

Im Vergleich zu ungeladenen Molekülen ist die Beschreibung von passiven Diffusionsvorgängen von Ionen durch Membranen sehr kompliziert. Häufig besteht an der Membran eine elektrische Potentialdifferenz zwischen den angrenzenden Körperflüssigkeiten. Dadurch bewegen sich die Ionen sowohl unter dem Einfluß eines chemischen

Konzentrationsgradienten als auch unter dem eines elektrischen Potentialgradienten. Weiterhin sind im Vergleich zu ungeladenen Nichtelektrolyten die Wechselwirkungskräfte zwischen Ionen und Wasser sehr viel stärker. Man muß daher annehmen, daß Elektrolyte nicht in ausreichender Konzentration in die Lipiddoppelschicht der Membran eindringen können und keine meßbaren Ionenflüsse hervorrufen. Lipiddoppelschichten besitzen in der Tat einen sehr hohen elektrischen Widerstand, d.h. sie sind äußerst schlecht diffusibel für Ionen.

Der um Größenordnungen niedrigere elektrische Widerstand von Zellmembranen wird mit den spezifischen Transportstellen für bestimmte Ionen in Verbindung gebracht. Aus diesen Gründen wird ein nennenswerter einfacher Diffusionsbeitrag von Elektrolyten durch biologische Membranen stark angezweifelt.

Dagegen sind für organische Ionen, die π–Elektronen enthalten, wie z.B. Rhodanid oder Tetraphenylborat, Lipiddoppelschichten gut diffusibel.

Weiterhin findet eine einfache Diffusion von Ionen an Epithelmembranen in der Niere, dem Dünndarm oder der Gallenblase statt. Hier sind es jedoch die zwischenzellulären Verbindungen, die keine geschlossene Lipidbarriere darstellen, sondern vielmehr durch ihr Proteinmaschenwerk mit einer Ionenaustauschermembran verglichen werden können.

b. Kleine hydrophile Moleküle

Kleine hydrophile Moleküle benutzen als Diffusionswege wassergefüllte Poren oder Kanäle, die hauptsächlich im Inneren der Membranproteine zu finden sind. Für Erythrozyten und viele andere Zellen wird ein Porendurchmesser von etwa 0.4 nm angenommen. Kleine wasserlösliche Moleküle wie Harnstoff und Glycerin können leicht diffundieren, die Permeationsgeschwindigkeit nimmt mit zunehmender Molekülgröße ab Das gleiche Prinzip gilt für den Dünndarm, bei dem man einen mittleren Porendurchmesser von etwa 0.6 bis 1.6 nm errechnet hat. Moleküle unter einem mittleren Molekulargewicht von 400 können durch solche Poren penetrieren. Wesentlich größer als die Diffusion der gelösten Moleküle ist jedoch die des Wassers selbst. Wasser überwindet solche Membranen innerhalb von Millisekunden. Schwemmt man z.B. Erythrozyten in einer konzentrierten Harnstofflösung auf, so erfolgt zuerst ein Wasseraustritt, verbunden mit einem Schrumpfen der Zellen. Erst später schwellen die Zellen durch die langsamere Harnstoffdiffusion.

Als einen Spezialfall der Diffusion kann man auch die O s m o s e auffassen. Osmose ist definiert als ein Lösungsmitteltransport durch eine semipermeable Membran, die zwei Lösungen mit unterschiedlichen Molekülkonzentrationen trennt. Dabei dringen z.B. Wassermoleküle durch die für die gelösten Moleküle undurchlässige Membran auf die Seite mit höherer Molekülkonzentration, bis ein Konzentrationsausgleich erreicht ist.

An biologischen Membranen liegt im allgemeinen ein kombinierter Membrantransport von Wasser und gelösten Molekülen vor. Die Analyse solcher sich überlagernder Transporte ist außerordentlich schwierig.

Schließlich sollte an dieser Stelle noch die F i l t r a t i o n erwähnt werden. Filtration erfolgt, wie in der Abbildung 11 gezeigt, unter der treibenden Kraft einer hydrostatischen Druckdifferenz zwischen angrenzenden Flüssigkeiten zu beiden Seiten der Membran (Gefäßwände).

Sind in einer Membran der Porenradius, die Länge der Poren und deren Anzahl bekannt, so kann man zur Beschreibung des Flüssigkeitsstromes durch die Filtermembran das Gesetz von Hagen-Poiseuille anwenden:

$$V = [(r^4 \cdot \pi \cdot n)/(8 L \cdot \eta)] \cdot \Delta p$$

wobei V der Filtrationsgeschwindigkeit [Volumen/Zeit], r dem Porenradius, Δp der hydrostatischen Druckdifferenz, n der Anzahl der Poren, η der Viskosität und L der Länge der Poren entspricht.

Bei der Filtration wandert das Lösungsmittel zusammen mit den gelösten Teilchen durch die Membran. Die Filtration ist z.B. wichtig in den Blutkapillaren (Abb. 11) und bei der Filtration des Plasmas in der Niere (Abb. 20), einem wesentlichen Ausscheidungsmechanismus von toxischen Substanzen.

c. Kleine nichtpolare Moleküle, Gase

Für kleine wasserlösliche Gase wie Sauerstoff, Kohlendioxid, Stickstoff, Kohlenmonoxid, Cyanwasserstoff und Ammoniak sind biologische Membranen sehr gut permeabel. Die Diffusion wird durch die Membranen nicht wesentlich behindert und zeigt kaum eine Selektivität.

d. Lipophile Moleküle

Die Diffusion von lipophilen Molekülen durch die Lipiddoppelschicht ist ein Mechanismus, der sehr häufig von toxischen Substanzen genutzt wird. Umfangreiche Untersuchungen über die Permeabilität von Nichtelektrolyten haben ergeben, daß die Permeabilität und der Verteilungskoeffizient V_k deutlich korreliert sind. Der Verteilungskoeffizient ergibt sich aus dem Verhältnis der Konzentration in der Lipidphase zur Konzentration in der Wasserphase.

Der V_k ist ein Maß für die hydrophoben Eigenschaften von Molekülen. Dieser Koeffizient müßte eigentlich aus der Verteilung zwischen den Membranlipiden und dem angrenzenden Gewebewasser bestimmt werden. Da dies praktisch nicht durchführbar ist, mißt man den V_k an Modellsystemen. Früher wurde nach Einstellung des Gleichgewichtes die Konzentration der Substanz in Olivenöl und in einer darunter befindlichen Wasserphase gemessen. Der resultierende Quotient wurde als eine ausreichende Annäherung an die tatsächliche Verteilung zwischen den Membranlipiden und der wäßrigen Phase angenommen. Heute benutzt man als Lipidphase chemisch reine Substanzen wie unpolare Kohlenwasserstoffe, z.B. Heptan, oder höhere Alkohole wie Oktanol.

Die gute Korrelation von Permeabilität und Verteilungskoeffizient an verschiedenen Membrantypen und die vergleichsweise geringe Abhängigkeit vom Molekulargewicht bestätigt die Vorstellungen, daß sich die Zellmembran wie eine Lipidbarriere verhält und daß die Permeation im wesentlichen durch die Kräfte beeinflußt wird, die auch die Verteilung zwischen Lipid und Wasser bestimmen. Die Befunde lassen sich mit guter Annäherung durch das Fick'sche Diffusionsgesetz, wie bereits bei der Permeation durch die Haut verwendet, beschreiben. Für die

Membranpermeation nimmt man an, daß der Übergang von der Außenlösung in die hydrophobe Membranphase nicht geschwindigkeitsbestimmend ist. Der Phasenübergang soll so schnell erfolgen, daß sich die Oberflächen in der Membranphase mit den angrenzenden Flüssigkeiten stets im Verteilungsgleichgewicht befinden und die Diffusion in der Lipiddoppelschicht ähnlich wie in freier Lösung abläuft. Die Fick'sche Gleichung (siehe Seite 28):

$$dm/dt = K_d \cdot V_k \cdot (\text{Oberfläche/Schichtdicke}) \cdot \Delta c$$

läßt sich folgendermaßen umformen, wenn die Oberfläche der Membran in cm^2 mit A und die Dicke der Membran mit λ in cm angegeben wird:

$$(dm/dt)/\, A = (K_d \cdot V_k / \lambda) \cdot \Delta c$$

Die linke Seite der Gleichung gibt die Zahl der Moleküle m an, die pro Zeiteinheit (sec) und Oberflächeneinheit (cm^2) die Membran passieren. Sie ist hiermit identisch mit der Definition für den Membranfluß J:

$$J = (dm/dt)/\, A$$

Auf der rechten Seite der Fick'schen Gleichung wird anstelle des Diffusionskoeffizienten K_d der Permeabilitätskoeffizient P eingeführt, welcher als K_d / λ definiert ist. Da die Dimension für K_d [$cm^2 s^{-1}$] ist, hat P die Dimension [$cm\ sec^{-1}$] und damit ist der Membranfluß J auch:

$$J = P \cdot V_k \cdot \Delta c$$

Der Permeabilitätskoeffizient P ist insofern zweckmäßig, als für die meisten Membranen die genaue Dicke der Membran nicht bestimmt werden kann. Wenn der Konzentrationsunterschied an beiden Seiten der Membran ein Mol beträgt, so gibt P die Zahl der Moleküle an, die in einer Sekunde pro cm^2 Oberfläche die Membran passieren. P hängt, wie der Diffusions- koeffizient K_d, von der Molekülgröße und der Temperatur ab.

Die Permeation einer toxischen Substanz durch die Lipidbarriere einer Membran hängt außerdem stark von ihrer Ionisation ab. Eine Reihe von toxischen Substanzen sind schwache Säuren oder Basen und liegen in wäßrigen Lösungen sowohl in der ionisierten als auch in der nicht-ionisierten Form vor. Wie vorangehend ausgeführt, ist im allgemeinen die Membranpassage einer ionisierten Substanz nur von geringer Bedeutung. Dagegen können auch größere Moleküle im nicht-ionisierten Zustand aufgrund ihrer Lipophilie relativ leicht durch die Membran diffundieren.

Die Verteilung von schwachen Säuren oder Basen wird im wesentlichen durch deren pK-Werte und den pH-Gradienten über die Membran bestimmt. Die nächste Abbildung soll den Einfluß des pH-Wertes auf die Verteilung einer schwachen Säure mit einem pK_a-Wert von 4.4 zwischen dem Blutplasma mit einem pH-Wert von 7.4 und dem Mageninhalt mit einem pH von 1.4 veranschaulichen.

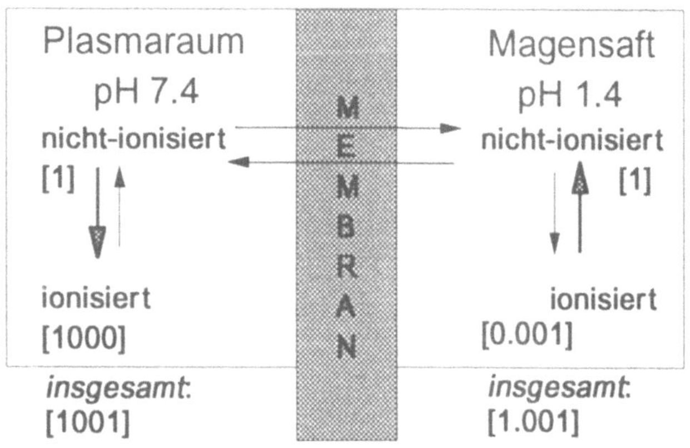

Abbildung 14 zeigt den Einfluß des pH-Wertes auf die Verteilung einer schwachen Säure mit dem pK_a-Wert von 4.4 zwischen Blutplasma und Mageninhalt nach Einstellung des Verteilungs-Gleichgewichtes. Die Zahlen in den eckigen Klammern bedeuten die Gleichgewichtskonzentrationen

Bei der Verteilung wird angenommen, daß die Barriere zwischen Mageninhalt und Blut sich wie eine einfache Lipidschicht verhält. Mit Hilfe der Henderson-Hasselbalch'schen Gleichung läßt sich für Säuren und

Basen das Verhältnis der Konzentrationen des nicht-ionisierten zum ionisierten Anteil bei jedem pH-Wert berechnen:

pK_a - pH = log [nicht-ionisiert/ionisiert], für Säuren

pK_b - pH = log [ionisiert/nicht-ionisiert], für Basen

Bei dem Beispiel in Abbildung 14 ergibt sich für den Blutplasmaraum ein Verhältnis von nicht-ionisiert zu ionisiert von 1 : 1000 und für den Mageninhalt 1 : 0.001. Nach Einstellung des Gleichgewichtszustands würde die Konzentration der schwachen Säure insgesamt [ionisierte und nicht-ionisierte Form] im Blutplasma 1001 und im Mageninhalt nur 1.001 betragen. Die ungleiche Verteilung ist ein rein physikalisch-chemischer Prozeß, der keine aktive Transportleistung erfordert, abgesehen vom Aufbau des pH-Gradienten durch die Protonenpumpe des Magens.

Für eine schwache Base mit einem pK_b-Wert von 4.4 würde das sich einstellende Verhältnis der Gesamtkonzentrationen zwischen Blutplasma und Mageninhalt gerade umgekehrt sein, nämlich 1.001 zu 1001. Der Mageninhalt wirkt hier wie eine "Ionenfalle" (Morphin).

Allgemein läßt sich formulieren, daß sich ein Gleichgewichtszustand nur für den zur Membranpermeation fähigen nicht-ionisierten Anteil ausbilden kann. Daher ist die Gesamtkonzentration an ionisierter und nicht-ionisierter Form auf der Seite der stärkeren Ionisation größer als auf der Seite der schwächeren Ionisation. Basische Substanzen häufen sich in dem Kompartiment mit der höheren Protonen-Konzentration und saure Substanzen in dem mit der niedrigen Protonen-Konzentration an.

2.3.5 Eintritt in die Zelle durch Pinozytose und Phagozytose

Es gibt auch Mechanismen, die es ermöglichen, daß eine toxische Substanz in eine Zelle aufgenommen wird, ohne daß sie selbst die Membranbarriere zu passieren braucht. Man darf sich die Zellmembran nicht als ein statisches Häutchen vorstellen, sondern sie ist ein äußerst dynamisches Gebilde. Bei der Pinozytose und der Phagozytose bildet die Zellmembran zunächst Einbuchtungen, welche extrazelluläre Flüssigkeit (Pinozytose) oder feste Partikel (Phagozytose) aufnehmen. Durch weitere Einstülpung und Abschnürung eines kleinen Membranabschnittes entstehen Membranvesikel, die in das Zellinnere gelangen und dort ihren Inhalt freisetzen.

Diese Vorgänge bezeichnet man auch als Endozytose im Gegensatz zur Exozytose, der Ausschleusung von Membranvesikeln aus der Zelle. Durch Endozytose können sogar größere Moleküle (wie z.B. das Botulinus-Toxin) und selbst fremde Zellen (z.B. Bakterien und Hefezellen) und Partikel in die Zelle gelangen oder nur durch sie hindurch transportiert werden (Transzytose). Bei der Endo- und Exozytose handelt es sich um energieverbrauchende Prozesse, an denen kontraktile Proteine beteiligt zu sein scheinen.

Eine weitere besondere Form der Endozytose ist die Rezeptor-vermittelte Endozytose. Ein Beispiel hierfür ist der Eisentranport in die Zelle. Eisen ist trotz seiner absoluten Notwendigkeit für den Organismus ein hochtoxisches Metall und wird darum von einem speziellen Transportprotein, dem Transferrin, sicher gebunden und transportiert. Das mit zwei Fe^{3+}-Ionen beladene Ferrotransferrin dockt an der Membran an einem speziellen Rezeptor an. Wenn an einer Stelle eine genügende Anzahl besetzter Rezeptoren vorhanden ist, stülpt sich die Membran ein und schnürt sich mit dem Inhalt ab. Das Eisen gelangt zu dem Eisenspeicher Ferritin im Zytoplasma, und der Rezeptor kehrt an die Zelloberfläche zurück, wo er das eisenlose Apotransferrin freisetzt. Dieser Zyklus dauert etwa 16 Minuten, und eine Leberzelle tranportiert auf diese Weise ungefähr 20 000 Eisen-Atome pro Minute .

2.4 Bindung und Speicherung

Toxische Moleküle werden sehr oft an spezifischen Stellen im Organismus eingelagert. Einige Moleküle reichern sich besonders dort an, wo auch ihre toxische Wirkung erfolgt. Das gilt z.B. für das Cadmium in den Nieren, für Kohlenmonoxid am Hämoglobin, für Cyanwasserstoff an den elektronentransportierenden Cytochromen oder für das Herbizid Paraquat in den Lungenepithelien.

Andere toxische Substanzen werden gebunden oder gespeichert und sind in dieser Form unschädlich für den Organismus. Dies wurde vorangehend für Eisen gezeigt, das an die Proteine Transferrin und Ferritin in einer für den Organismus ungiftigen Form gebunden ist und gilt auch für Blei, das im Knochengewebe gespeichert werden kann. Ein anderes Beispiel ist das Insektizid DDT (Dichlordiphenyltrichlorethan), das im Fettgewebe in wirkungsloser Form gelagert wird.

Als allgemeine Regel für gebundene oder gespeicherte Substanzen gilt:

1.) Die immobilisierten Substanzen verursachen keine toxischen Wirkungen - die toxisch wirksamen Konzentrationen sind im allgemeinen die freien Konzentrationen.

2.) Die immobilisierten Formen können nicht von Enzymen umgesetzt werden und sind somit dem Stoffwechsel entzogen.

3.) Die Bindung und Speicherung verursacht bei fortgesetzter Exposition eine Kumulation im Organismus und verhindert damit eine wirksame Ausscheidung aus dem Körper über die Nieren oder mit den Exkrementen.

Das Ausmaß der Bindung und Speicherung hängt von der Kapazität der Bindungsorte oder Speicher ab. Es wird bestimmt von der Konzentration der Reaktionspartner und der Affinität der toxischen Substanz zu den Immobilisationsstellen.

Viele toxische Substanzen werden an Proteine gebunden. Über einen weiten Konzentrationsbereich besteht ein festes Verhältnis von gebundener Substanz zu freier Konzentration, jedenfalls solange die Bindungsstellen nicht vollständig besetzt sind. Die Proteine wirken auf diese Weise als Puffersubstanzen. Substanzen, die eine hohe Affinität zu den Bindungsstellen haben, können andere daraus verdrängen.

Lipophile Substanzen können entsprechend ihres Verteilungskoeffizienten im Fettgewebe hohe Konzentrationen erreichen. Dies kann innerhalb der biologischen Nahrungskette zu einer Anreicherung um mehrere Zehnerpotenzen führen. Infolge seines lipophilen Charakters wird z.B. DDT von im Wasser lebenden Mikroorganismen absorbiert. Diese Mikroorganismen werden wiederum durch das Plankton aufgenommen, welches in großen Mengen vorkommt und hauptsächlich aus einzelligen Tieren und mikroskopisch kleinen Krebsen (Crustaceen) besteht. Es resultiert dabei eine Anreicherung um den Faktor 10. Garnelen, Muscheln und kleine Fischarten ernähren sich vom Plankton, und es erfolgt eine erneute Anreicherung um den Faktor 10. Diese Tiere sind nun die Beute für größere Fische, die ebenso etwa die 10fache Menge an Beute zum Aufbau ihrer Gewebe benötigen. Daher ist die DDT-Konzentration in größeren Fischen nochmals 10fach höher. Verschiedene Vogelarten leben von Fischen, was wiederum eine Anreicherung um den Faktor 10 bedeutet. So wird veranschaulicht, daß die Kumulation einer lipophilen Substanz in der Nahrungskette unter Umständen für eine am Ende der Kette stehende Spezies, wie den Menschen, toxische Folgen haben kann.

2.4.1 Plasmaproteine, Hämoglobin und Muskelproteine

Mengenmäßig betragen die Plasmaproteine im Blut des Erwachsenen etwa 0.3 kg, das Hämoglobin in den Erythrozyten 0.9 kg und alle Muskelproteine zusammen 9 kg. Entsprechend der chemischen Struktur der Proteine können toxische Substanzen über Ionen-, Wasserstoffbrücken- und Dipol-Dipol-Bindungen sowie durch hydrophobe Wechselwirkungen gebunden werden. Die hydrophobe Bindung ist vielseitiger und die quantitativ wichtigere Bindungsart. Die verschiedenen Bindungsmöglichkeiten erklären auch, warum die unterschiedlichsten Substanzen an Proteine gebunden werden können. Oft erfolgt eine reversible Bindung an Orte mit hoher Affinität, deren Zahl verhältnismäßig klein sein kann.

Die Unterteilung der Plasmaproteine erfolgt vorwiegend entsprechend ihrer elektrophoretischen Beweglichkeit in die Gruppen Albumin, α_1-, α_2–, β_1–, β_2– und γ-Globuline. Das Albumin bildet mit 52 bis 62 % den größten Anteil der Plasmaproteine. Es ist deshalb hauptsächlich für den kolloidosmotischen Druck verantwortlich und stellt gleichzeitig eine wichtige Proteinreserve des Organismus dar. Außerdem hat das Albumin die Fähigkeit, viele körpereigene und körperfremde Substanzen (z.B. zweiwertige Kationen und eine Reihe lipophiler Substanzen wie Vitamine, Hormone, Medikamente etc.) reversibel zu binden und übernimmt damit eine wichtige unspezifische Transport- und Vehikelfunktion im Blut. Im Gegensatz dazu besitzen die Globuline speziellere Aufgaben. Dies dokumentiert sich in spezifischer Bindung und in spezifischen Funktionen.

Transferrin bindet zwei Fe^{3+}-Ionen und ist wegen seiner hohen Affinität zum Eisen für seinen sicheren Transport zuständig. Coeruloplasmin bindet Cu^{2+}-Ionen und wirkt als eine Oxidase. Unter den Globulinen gibt es spezifische Transportformen für Vitamine, Steroidhormone und Fette. Die α_1-Globuline enthalten Inhibitoren für Proteasen. Weiterhin gehört das für die Blutgerinnung wichtige Fibrinogen den β-Globulinen an. Schließlich besteht die γ-Globulin-Gruppe aus den Immunoglobulinen, die als Antikörper gegen fremde Proteine eine wichtige Abwehrfunktion besitzen.

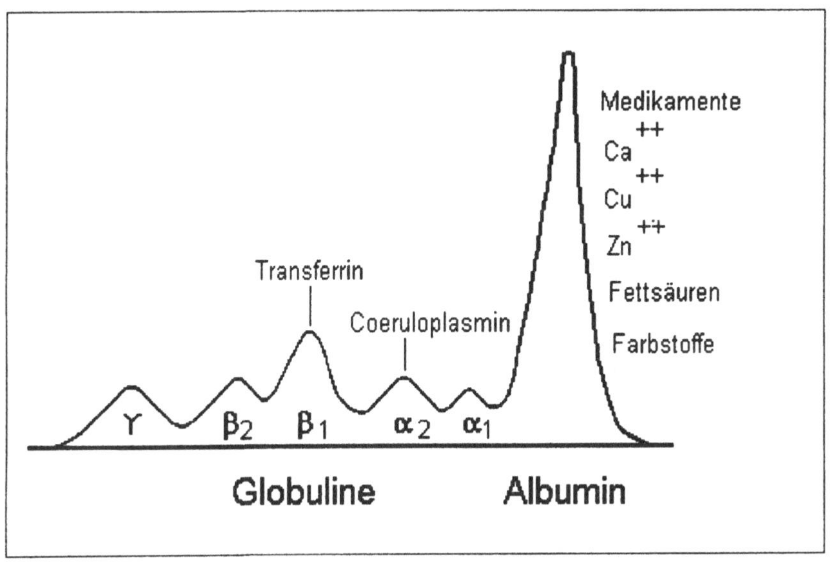

Abbildung 15 zeigt eine elektrophoretische Auftrennung der Plasmaproteine. Die relative Menge wird durch die Höhe der einzelnen Gruppen dargestellt. Die Globulin-Gruppen sind keineswegs einheitlich, eine weitere Auftrennung gelingt z.B. durch Immunelektrophorese

Die Bindung von toxischen Substanzen an intrazelluläre Proteine, wie besonders an Hämoglobin und an die Muskelproteine, ist im Verhältnis zu der an Plasmaproteine geringer einzuschätzen. Wegen deren größerer Masse fallen sie jedoch quantitativ stärker ins Gewicht.

Außer von den stofflichen Eigenschaften der toxischen Substanzen ist die Proteinbindung auch vom Lebensalter abhängig. Beim Neugeborenen ist die Proteinbindung geringer als beim Erwachsenen, was seine erhöhte Empfindlichkeit erklärt.

2.4.1 Fettgewebe, Membranen

Lipophile toxische Substanzen verteilen sich hauptsächlich entsprechend ihres Verteilungskoeffizienten in den Membranen und im Fettgewebe. Da das Fettgewebe als fester Zellbestandteil fast wasserfrei ist, schwankt die Relation des Körperwassers zu den festen Bestandteilen entsprechend dem Fettgehalt des Organismus. Darum ist auch im Vergleich zu einem jungen Mann das Körperwasser bei einer jungen Frau, wegen des höheren Fettgehaltes, im Durchschnitt um 10 % geringer. Bei einem dicken Menschen beträgt der Fettgehalt etwa 50 % des Körpergewichts, während bei einem Athleten nur 20 % vorhanden sein mögen. Daher kann sicherlich der Mensch mit mehr Fettgewebe auch eine größere Menge lipophiler Substanzen speichern.

Werden die lipophilen toxischen Substanzen im Organismus nicht chemisch umgesetzt und wasserlöslich gemacht und in dieser Form ausgeschieden, so besteht die Gefahr, daß sie unter bestimmten Bedingungen aus ihren Bindungsorten mobilisiert werden. Ein Abbau von Fettgewebe kann infolge von Abmagerungskuren oder Hunger erfolgen. Dann können die zunächst unschädlichen, im Fettgewebe gespeicherten Substanzen über die lipophilen Membranen praktisch in alle Gewebe des Organismus eindringen und toxische Wirkungen verursachen. Um bei dem sehr langsam metabolisierten DDT zu bleiben, sei als Beispiel angeführt, daß das Zusammentreffen der Kumulation von DDT über die Nahrungskette und ein Abbau des Fettgewebes infolge Hungerns bei Vögeln zu tödlichen Vergiftungen führen kann.

Eine toxische Wirkung tritt jedoch bei einigen vom Aussterben bedrohten Vogelarten wahrscheinlich schon im Embryonalstadium ein, da sich im Eidotter relativ hohe Konzentrationen lipophiler Schadstoffe befinden. Diese gelangen während der Differenzierung und Entwicklung in das lipidreiche Nervensystem, mit entsprechenden fatalen Folgen. Ähnliche Vergiftungsvorgänge wurden auch bei anderen Tierarten, wie z.B. bei Robben, festgestellt, die vorübergehend große Fettdepots anlegen. Die toxischen Auswirkungen des DDT haben 1972 zum Verbot seiner Herstellung und seines Inverkehrbringens in Deutschland geführt.

2.4.3 Leber, Niere, Lunge und andere Organe

Die ersten drei Organe besitzen im allgemeinen eine höhere Kapazität, toxische Substanzen zu binden, als andere Organe.

Als Bindungs- und Entgiftungsmechanismen ergeben sich für toxische Schwermetalle auf der subzellulären Ebene folgende Möglichkeiten:

Erstens eine Einlagerung oder Bindung von Schwermetallen im Zellkern. Außerdem können sich im Zellkern morphologisch erkennbare Einschlußkörperchen mit z.B. Blei, Wismut, Quecksilber und Kupfer bilden.

Zweitens eine Akkumulation von Schwermetallen in Organellen. Hierbei wurden Einschlüsse von Schwermetallen in vielschalige Lipidkörperchen und eine Akkumulation in Lysosomen und Mitochondrien beobachtet.

Drittens eine Bindung von Schwermetallen im Zytoplasma. Hierfür kommen eine ganze Reihe von Anionen wie Hydroxid, Hydrogencarbonat oder Phosphat in Frage, sowie Stoffwechselprodukte wie Dicarbonsäuren, Aminosäuren, das Tripeptid Glutathion, ATP etc. Außerdem kennt man durch essentielle Schwermetalle wie Zink und Kupfer oder aber auch durch toxische Schwermetalle wie Cadmium und Quecksilber induzierbare Proteine, die sogenannten M e t a l l o t h i o n e i n e, die mit sehr hoher Affinität Schwermetalle binden.

2.4.4 Knochengewebe

Das relativ inerte Knochengewebe ist als guter Speicher für Fluorid, Blei und Strontium sowie für diverse Salze bekannt. Blei und Strontium können Calcium in der großen Oberfläche der Hydroxylapatitstruktur ersetzen. Das abgelagerte Blei ist nicht toxisch, kann aber bei allen Prozessen, die zum Knochenabbau führen, mobilisiert werden. Beispiele hierfür sind Infektionskrankheiten und die Schwangerschaft.

2.5 Umwandlung von toxischen Substanzen durch den Stoffwechsel

Viele toxische Substanzen werden im menschlichen Organismus chemisch durch *Biotransformation* verändert. Die leicht in den Organismus gelangenden Substanzen sind lipophil und können in dieser Form nicht effektiv ausgeschieden werden, da sie sich bevorzugt in den Fettzellen und in Membranen anreichern.

Die Zeitdauer, die toxische Substanzen im Organismus verbleiben, ist in zweierlei Hinsicht von Bedeutung. Erstens führt eine lange Verweildauer mit wiederholten effektiven Expositionen zur *Kumulation* mit einem erhöhten toxischen Risiko, und zweitens können solche Substanzen unter bestimmten Bedingungen aus den Speichern mobilisiert werden. Dies wurde bereits ausführlich am Beispiel des Insektizids DDT bei der Bindung und Speicherung im Fettgewebe dargestellt.

Die Strukturformel für das DDT (Dichlordiphenyltrichlorethan) ist folgende:

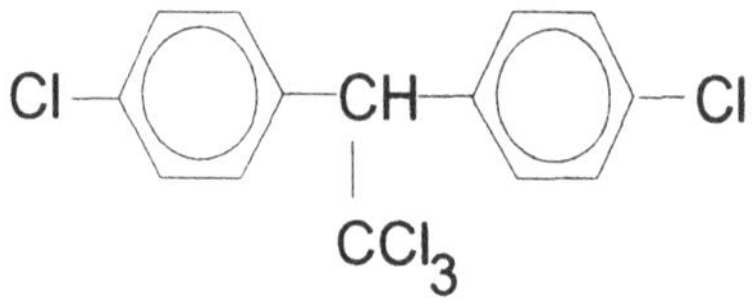

Cl — CH — Cl

CCl_3

Diese Verbindung zeichnet sich durch ihre sehr langsame metabolische Abbaubarkeit im menschlichen Organismus aus. Trotz der offensichtlichen Nachteile wie Langlebigkeit (Persistenz) und Kumulation gilt DDT auch heute noch für die Malariabekämpfung als unentbehrlich. Selbst wenn es bei einigen Anopheles-Arten DDT-Resistenzentwicklungen durch Induktion von HCl-abspaltenden Enzymen gibt, so ist doch davon nur ein geringer Teil der Malariagebiete betroffen. Ein Anwendungsverbot in den Tropen würde die Malariasterblichkeit auf die Verhältnisse vor 1945 zurückbringen und damit zu einer Katastrophe führen.

Es hat in der Zwischenzeit viele Anstrengungen gegeben, die negativen Auswirkungen, die sich aus der Anwendung von Insektiziden des

DDT-Types ergeben, zu vermeiden. Ein solcher Weg führt zu Dimethoxydiphenyltrichlorethan (Methoxychlor):

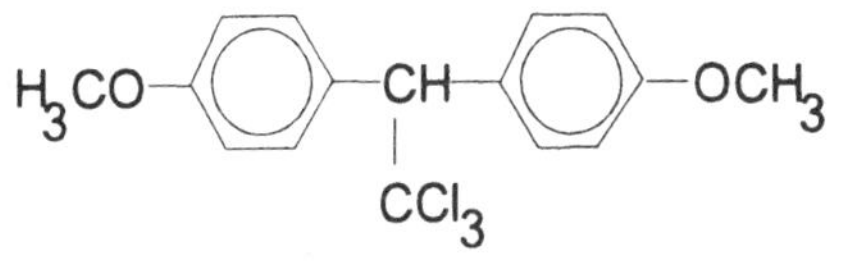

$$H_3CO-C_6H_4-CH(CCl_3)-C_6H_4-OCH_3$$

Diese Substanz besitzt eine 500 mal höhere Wasserlöslichkeit als DDT, und die biologische Abbaubarkeit ist um den Faktor 60 gesteigert bei einer etwa 20fach geringeren akuten Toxizität. Der Vorteil wird leider durch den Nachteil einer schwächeren insektiziden Wirkung aufgehoben.

Die Verbindung wurde an dieser Stelle aus didaktischen Gründen ausgewählt und soll uns zum Mechanismus der Biotransformation im menschlichen Organismus führen. Der Ersatz der beiden Chlor-Atome durch zwei Methoxy-Gruppen führt dazu, daß Methoxychlor verhältnismäßig gut im Organismus metabolisiert werden kann, und zwar:

1.) Durch eine enzymatische oxidative Desalkylierung können zwei phenolische Hydroxyl-Gruppen entstehen, welche die Wasserlöslichkeit der Verbindung weiter verbessern.

2.) Durch die beiden reaktiven funktionellen Hydroxyl-Gruppen wird die Möglichkeit zur enzymatischen Kopplung mit Glucuronsäure geschaffen, die die Wasserlöslichkeit des neuen Moleküls noch entscheidender beeinflußt.

3.) Durch die Wasserlöslichkeit wird erst eine effektive Ausscheidung aus dem Organismus ermöglicht.

Die erste und die zweite Reaktion sind wesentliche Bestandteile eines Stoffwechselsystems, das seinen Hauptsitz in der Leber hat. Die Leber, als Hauptorgan für die Biotransformation, erhält über die Pfortader etwa 1.1 Liter Blut pro Minute und weitere 0.35 Liter pro Minute über die Leberarterien, das ist etwa ein Viertel des gesamten Blutes. In den Gefäßen der Leber selbst befindet sich etwa ein halber Liter Blut.

Die weiten Pfortadergefäße verursachen eine Verlangsamung des Blutflusses. Wie aus Abbildung 10 hervorgeht, ist das Gefäßendothel der Leberkapillaren sehr durchgängig für alle möglichen Substanzen, sogar für Proteine. Das "diskontinuierliche" Gefäßendothel und die lückenhafte Basalmembran erlauben einen sehr guten Stoffaustausch zwischen Blut und den Leberparenchymzellen (Parenchymzellen sind die spezifischen Zellen eines Organs, im Gegensatz zu den Bindegewebszellen).

Die Leber ist von ihrer Konstruktion her die größte Drüse des menschlichen Körpers. Die sekretorische Aktivität der Leberzellen führt zu einem gerichteten Flüssigkeitsstrom in die angrenzenden Gallekanälchen, in die ständig Gallenflüssigkeit ausgeschieden wird.

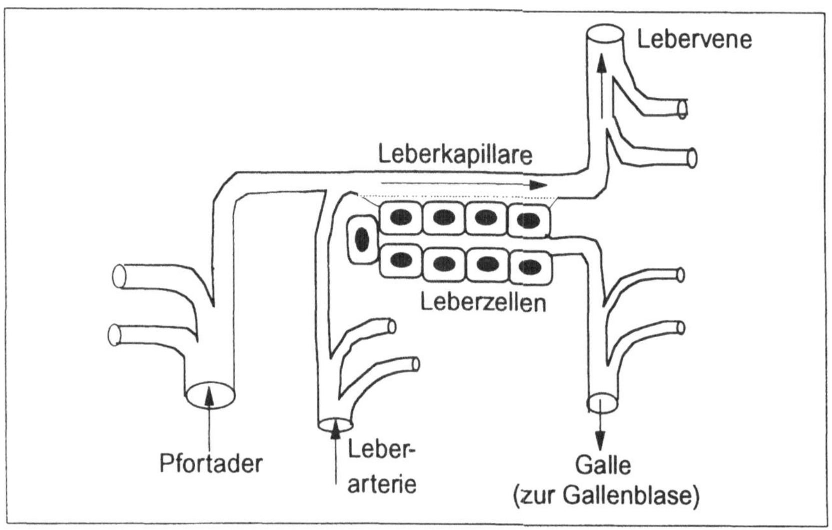

Abbildung 16. Schematische Zeichnung des Blutstromes vom Darm herkommend über die Pfortader zu den Leberzellen, sowie der Weg der Gallenflüssigkeit von den Leberzellen in die Gallekanälchen und zur Gallenblase. Die weiten Öffnungen in der Leberkapillare sind durch eine gepunktete Linie angedeutet (Zeichnung nach W. Legrum)

Aufgrund der reichlichen und vielseitigen Enzymausstattung der Leberzellen wird die Leber nicht nur als die größte Drüse, sondern auch als das Zentralorgan des Stoffwechsels angesehen. Die Leberzellen tragen nicht nur zur Energieversorgung bei, sie sind wie bereits erwähnt der

Hauptsitz der Biotransformation von körperfremden Substanzen. Die Biotransformation ist im glatten endoplasmatischen Retikulum lokalisiert (siehe Abbildung 13, Schema des submikroskopischen Aufbaus einer Zelle), und erfolgt trotz ihrer Vielseitigkeit nur durch wenige chemische Reaktionstypen wie Oxidation, Reduktion, Hydrolyse und Konjugation.

Die Enzyme zur Metabolisierung der körperfremden Substanzen sind nicht in der Lage zu unterscheiden, ob die entstehenden Abbauprodukte für den Organismus schädlich oder unschädlich sind. Ganz allgemein können die Reaktionen zwar Gifte unwirksam machen, aber auch unwirksame Substanzen erst in toxische Metabolite verwandeln. Eine metabolische Aktivierung wird deshalb auch als Giftung bezeichnet. Die Hauptaufgabe der Biotransformation besteht jedoch darin, lipophile Fremdstoffe wasserlöslich zu machen, damit sie dann über die Nieren oder mit der Gallenflüssigkeit ausgeschieden werden können.

Von der Funktion her lassen sich zwei Arten von Reaktionen unterscheiden, die Phase-I- und Phase-II-Reaktionen genannt werden. Das nachfolgende Schema gibt die Reaktionskette wieder:

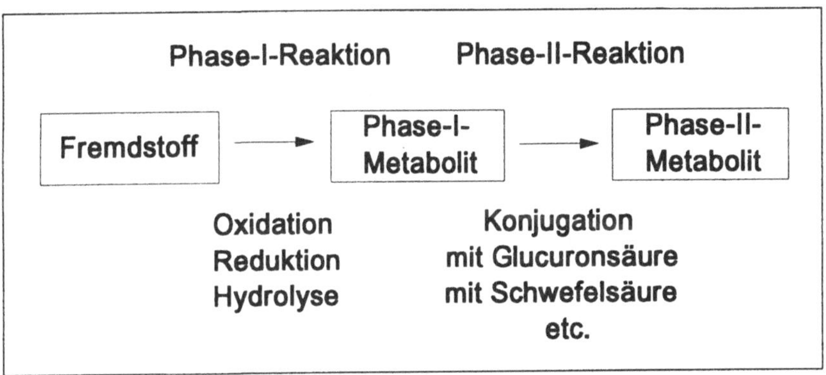

Abbildung 17. Vorgänge bei der Biotransformation von Fremdstoffen

Einblicke in diesen Fremdstoffwechsel können praktisch nur durch Tierexperimente gewonnen werden. Beim mechanischen Homogenisieren der Leberzellen werden die Membranen des endoplasmatischen Retikulums auseinandergerissen, und die Bruchstücke schließen sich dann wieder zu kleinen Vesikeln. Diese Vesikel werden anschließend durch hochtouriges Zentrifugieren als M i k r o s o m e n sedimentiert. An diesen Mikrosomenfraktionen untersucht man dann die einzelnen Schritte der Biotransformation. Der Metabolismus der Fremdstoffe ist, zumindest qualitativ, bei Menschen und bei Tieren sehr ähnlich. Diese Tatsache dient als Voraussetzung für eine Übertragbarkeit der Tierexperimente auf den Menschen. Von Tierart zu Tierart können sich jedoch die Konzentrationen der gebildeten Metaboliten unterscheiden, die Ergebnisse sollten darum möglichst durch Untersuchungen an mehreren Tierarten abgesichert werden.

2.5.1 Phase-I-Reaktion

2.5.1.1 Das mikrosomale Monooxygenase-System

Die weitaus größte Bedeutung für die oxidative Biotransformation besitzt das mikrosomale Monooxygenase-System. Es besteht zu einem Teil aus einem membrangebundenen Komplex verschiedener Monooxygenasen, die gemeinsam als Cytochrom P-450 bezeichnet werden. Die Zahl 450 im Namen geht auf ein Absorptionsmaximum bei 450 nm zurück, das beim Begasen der Mikrosomen mit Kohlenmonoxid entsteht und den Nachweis spektroskopisch ermöglicht. Die Monooxygenasen enthalten eine Häm-Gruppe, ähnlich dem Hämoglobin, das in der reduzierten Form (Fe^{2+}) molekularen Sauerstoff bindet. Während der Katalyse wird ein Sauerstoff-Atom auf das Fremdstoffmolekül übertragen und das andere zu Wasser reduziert. Aufgrund dieser zwei verschiedenen Reaktionen am Sauerstoff wurde auch die Bezeichnung mischfunktionelle Oxygenasen geprägt.

Neben dem Cytochrom P-450 ist eine NADPH-Cytochrom P-450- Reduktase, ein Flavoprotein (flavus, gelb), beteiligt, die zwei NADPH (reduziertes Nicotinamid-adenin-dinucleotid-phosphat) oxidiert und auf das Cytochrom überträgt.

Die Oxidation des Fremdstoffes erfolgt in einem zyklischen Prozeß, aus dem Cytochrom P-450 in der oxidierten Form (Fe^{3+}) wieder hervorgeht. In deren ersten Teilschritt (1) wird ein Fremdstoff (XH) an ein oxidiertes Cytochrom P-450 (Fe^{3+}) gebunden. Im zweiten Schritt (2) nimmt das Eisen ein Elektron aus der Elektronentransferkette auf, wodurch das Cytochrom zweiwertig wird und sich molekularer Sauerstoff anlagern kann (3). Im nächsten Schritt (4) übernimmt der Komplex über eine zweite Transferkette ein weiteres Elektron. Nach dieser Aktivierung wird ein Oxenbiradikal •O• in den Fremdstoff inseriert, während O^{2-} mit Protonen Wasser bildet (5). Schließlich zerfällt der Komplex aus Cytochrom P-450 und dem hydroxylierten Fremdstoff (XOH) unter Freigabe von oxidiertem Cytochrom P-450 (6). Zusammenfassend ergibt sich folgendes Schema:

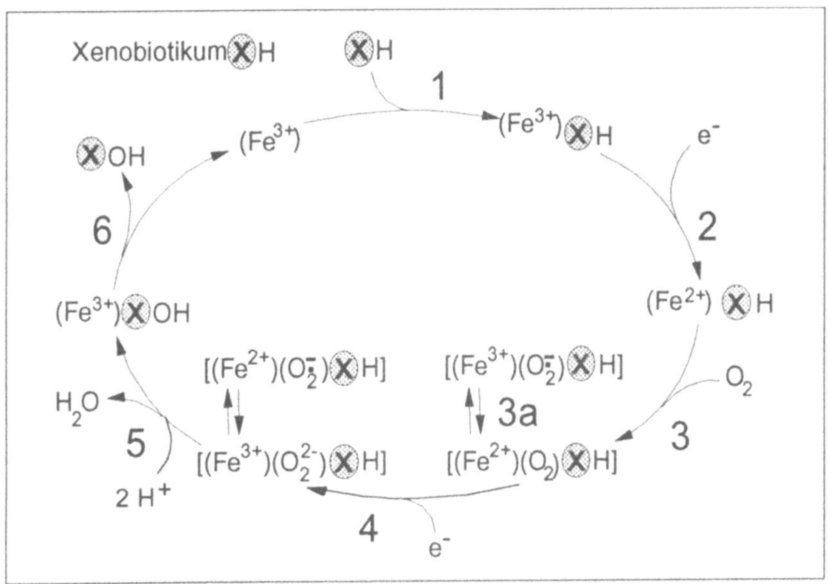

Abbildung 18. Oxidation eines Fremdstoffes durch Cytochrom P-450

Ein Nebenreaktionsweg besteht darin, daß nach der Anlagerung von molekularem Sauerstoff durch Autoxidation das zweiwertige Eisen eines seiner Elektronen an den angelagerten Sauerstoff abgibt und dadurch ein Komplex aus dreiwertigem Eisen mit einem Superoxidanion entsteht (Fe^{3+}-O_2•$^-$) (3a). Aus diesem Komplex kann anschließend das Superoxidanion O_2•$^-$ abgespalten werden.

Für die Toxikologie ist von Bedeutung, daß das Cytochrom P-450-System in den Membranen des endoplasmatischen Retikulums auch mit der

Kernmembran verbunden ist. Bei den Oxidationen wird, wie oben gezeigt, Sauerstoff aktiviert und fällt in aktivierter Form als Nebenprodukt an. Das nächste Schema zeigt die vier reaktionsfähigsten Formen des Sauerstoffes, die bei der Oxidation mit Cytochrom P-450 entstehen können:

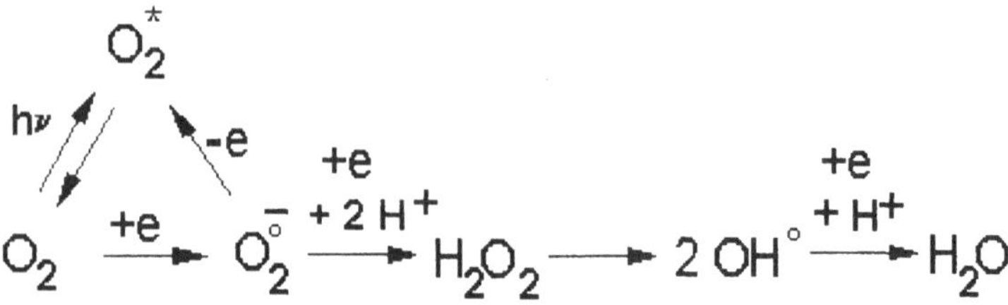

Die entstehenden Radikale können wegen ihrer Reaktivität die Membranen schädigen und im Zellkern am genetischen Material (DNS) Mutationen hervorrufen.

Als Schutz vor solchen Radikalen wirkt die Superoxiddismutase, die das Superoxidanion $O_2^{\cdot -}$ in Sauerstoff und Wasserstoffperoxid zerlegt (dismutiert). Das ebenfalls toxische Wasserstoffperoxid wird durch zwei weitere Enzyme, die Katalase und die Glutathion-Peroxidase gespalten. Bei der letzteren Reaktion wird Glutathion (g-Glutamyl-cysteinyl-glycin) oxidiert, das in hoher Konzentration zur Protektion in der Leber vorhanden ist.

2.5.1.2 Enzyminduktion

Im Laufe der Evolution hat sich das Cytochrom P-450-System vielfältig entwickelt. Es sind bisher über 150 Gene bekannt geworden, aus deren Basensequenzen durch Kenntnis des genetischen Kodes die Aminosäurefolgen der Cytochtom P-450 abgeleitet werden konnten. Auf diese Weise ließ sich der Verwandtschaftsgrad untereinander bestimmen. Die Cytochrome bilden Superfamilien und unterscheiden sich nach Vorkommen und Substratspezifität. Pro Gewebe oder Spezies kommen ungefähr 20 bis 30 Gene für verschiedenen Cytochrom P-450-Isoenzyme vor, die z.T. konstitutiv (immer vorhanden) sind oder aber erst nach Gen-Induktion durch bestimmte Induktoren exprimiert werden

(Umsetzung der Geninformation in Proteine). Zu den Induktoren gehören sowohl körpereigene Substanzen (Hormone und Metabolite) als auch Fremdstoffe. Auch das Insektizid DDT bewirkt eine starke Induktion, obwohl es selbst von diesem System nur äußerst langsam umgesetzt werden kann. Insgesamt existiert ein an die Umweltbedingungen äußerst anpassungsfähiges Enzymsystem mit unterschiedlich spezifischer und überlappender Substratspezifität (demnach also relativ unspezifisch). Als Folge der Enzyminduktion kann die Abbaukapazität und damit die Geschwindigkeit der Biotransformation um ein Vielfaches erhöht werden. Dies betrifft unter Umständen nicht nur Fremdstoffe, sondern hat auch Auswirkungen auf körpereigene Wirkstoffe wie Steroidhormone und essentielle Vitamine. Wird der Induktor abgesetzt, so fällt die gesteigerte Abbaukapazität in einigen Tagen bis Wochen wieder auf das ursprüngliche Niveau zurück.

Als eine weitere Beeinflussungsmöglichkeit muß auch eine Hemmung der Biotransformation durch toxische Substanzen in Betracht gezogen werden. Gelangen z.B. Vanadat-Ionen, VO_3^-, in den Körper, so können sie bei ihrer Reduktion zu Vanadyl, VO^{2+}, den Elektronenfluß zum Cytochrom P-450 unterbrechen und für kurze Zeit die Biotransformation blockieren. Kohlenmonoxid bewirkt eine Hemmung an der O_2-Bindungsstelle des Cytochroms P-450. Eine andere Möglichkeit der Hemmung besteht darin, daß die Substratbindungsstellen am Cytochrom P-450 durch Fremdstoffe besetzt werden können.

2.5.1.3 Grundtypen der Cytochrom P-450 katalysierten Reaktionen

Die Hauptfunktion der Cytochrom P-450 katalysierten Reaktionen ist es, reaktive OH-, NH_2- und SH-Gruppen zu schaffen, die in der Phase-II-Reaktion der Biotransformation mit einer hydrophilen Verbindung konjugiert werden können.

Einer speziellen Erwähnung bedarf die Epoxidierung, da diese Form der Biotransformation zu besonders reaktiven Metaboliten führt. Als ein Beispiel hierfür soll das Benzol dienen. Benzol wird durch das Cytochrom P-450-System hydroxyliert und bildet ein Epoxid. Das Epoxid kann auf dreierlei Art umgesetzt werden. Erstens kann es sich spontan zu Phenol umlagern, zweitens kann eine enzymatische Aufspaltung durch

Epoxidhydrolasen zum Dihydrobrenzkatechin und drittens eine enzymatische Aufspaltung unter Anlagerung von Glutathion erfolgen. Die beiden letzten Reaktionen werden als Entgiftungsreaktionen gewertet.

Die Ringspannung des Dreierringes ist für die große Reaktionsfreudigkeit verantwortlich. Aufgrund dieser Reaktivität der Epoxide ist ihre Toxizität besonders groß. So können irritierende und allergieerzeugende Wirkungen hervorgerufen werden. Eine besondere Gefahr geht jedoch von den Epoxiden insofern aus, als sie eine Alkylierung des genetischen Materials, der DNS, bewirken können und somit stark mutagen und krebserzeugend sind. Dies ist z.B. für Benzol, Vinylchlorid, eine Reihe aromatischer Kohlenwasserstoffe wie Benzo(a)pyren und für aromatische Amine wie Benzidin nachgewiesen worden. Die Auflistung ist hier keineswegs vollständig.

Aliphatische Hydroxylierung	N-Desalkylierung
$R\text{-}CH_3 \text{---}\!\!> R\text{-}CH_2OH$	$R\text{-}NH\text{-}CH_3\text{---}\!\!>$ $(R\text{-}NH\text{-}CH_2OH)\text{---}\!\!>$ $R\text{-}NH_2 + HCHO$
Epoxidierung	**O-Desalkylierung**
R-CH = CH-R'---> R-CH--CH-R' (mit O-Brücke: \ O /)	$R\text{-}O\text{-}CH_3\text{---}\!\!>$ $(R\text{-}O\text{-}CH_2OH)\text{---}\!\!>$ $R\text{-}OH + HCHO$
Aromatische Hydroxylierung	**Desaminierung**
$C_6H_6\text{---}\!\!>$ Epoxid---> $C_6H_5\text{-}OH$	$R\text{-}CH(NH_2)\text{-}CH_3\text{---}\!\!>$ $[R\text{-}(HO)C(NH_2)\text{-}CH_3]\text{---}\!\!>$ $R\text{-}CO\text{-}CH_3 + NH_3$
N-(S)-Oxidation	**Entschwefelung**
$R\text{-}NH_2\text{---}\!\!> R\text{-}NHOH$ $R\text{-}S\text{-}R'\text{---}\!\!> R\text{-}SO_2\text{-}R'$	R-CR' = S ---> R-CR' = O + S

Tabelle 7 zeigt einige Beispiele für oxidative Biotransformationswege

Im Vergleich mit den Oxidationen spielen die Reduktionen bei der Biotransformation nur eine untergeordnete Rolle. Zahlreiche Fremdstoffe, wie Nitro-, Azo-Verbindungen und chlorierte Kohlenwasserstoffe können durch Cytochrom P-450 auch reduziert werden. Dabei überträgt das reduzierte Cytochrom ein Elektron direkt auf das Substrat wie bei dem folgenden Beispiel des Tetrachlorkohlenstoffes:

$$\text{Cyt. P-450 [Fe}^{2+}\text{]} + CCl_4 \dashrightarrow \text{Cyt. P-450 [Fe}^{3+}\text{]} + {}^{\cdot}CCl_3 + Cl^-$$

Sauerstoff konkurriert dabei mit der Elektronenübertragung auf den Tetrachlorkohlenstoff, und die Reaktion läuft somit unter sauerstoffarmen Bedingungen bevorzugt ab. Aus dem CCl_4 wird durch Chloridabspaltung ein sehr instabiles freies Radikal gebildet. Dieses freie Radikal entzieht mehrfach ungesättigten Fettsäuren aus Membran-Phospholipiden ein H-Atom und führt dort zu Folgeradikalen, die schließlich zum Zerfall der Fettsäuren führen. Neben der Membranschädigung entsteht in der Leberzelle schließlich das stark lebertoxische Chloroform. Zu der Gruppe des Prototyps Tetrachlorkohlenstoff gehören weiter die starken Lebergifte 1,1,2,2-Tetrachlorethan, 1,1,2-Trichlorethan und 1,2-Dichlor- ethan. Als schwächere Lebergifte gelten Trichlorethylen, Tetrachlor- ethylen, 1,1,1-Trichlorethan und Dichlormethan.

2.5.1.4 Hydrolyse, Oxidation und Reduktion

1.) Hydrolyse

Bei der hydrolytischen Spaltung werden lipophile Carbonsäureester durch relativ unspezifische Esterasen unter Wasseraufnahme in Alkohol und Säure zerlegt:

$$\text{R-CH}_2\text{-CO-O-R'} + H_2O \dashrightarrow \text{R-CH}_2\text{-CO-OH} + \text{HO-R'}$$

Diese Reaktionen werden durch die Pseudocholinesterase oder Butyrylcholinesterase (spaltet Butyrylcholin schneller als Acetylcholin) im Blut und durch intrazelluläre Esterasen, die besonders in den Leberzellen vorkommen, katalysiert. Die Hydrolysegeschwindigkeit kann durch eine Substitution am α-C-Atom zur Estergruppe verringert werden. Die

Einführung einer Methylgruppe an diesem C-Atom führte z.B. bei Acetylcholinderivaten zu einer Hemmung der Spaltung. Beim Erhaltenbleiben der Affinität zu den Esterasen können auf diese Weise auch wirksame Hemmstoffe der Esterasen entstehen.

Unter den Plastikweichmachern gibt es fettlösliche, stabilisierte Phthalsäureester (z.B. Diethylhexylphthalat), die gegen Hydrolyse stabil sind. Werden solche Stoffe für Lebensmittelverpackungen benutzt, können sie sich aus dem Verpackungsmaterial herauslösen und im Fettgewebe anreichern. Um eine Kumulation im Fettgewebe zu vermeiden, sollten heute nur noch "biotransformierbare", d.h. durch Esterasen spaltbare Verbindungen eingesetzt werden.

Eine weitere Gruppe zur hydrolytischen Spaltung befähigter Enzyme sind die Amidasen, die ebenfalls besonders in der Leber vorkommen:

$$R\text{-}CH_2\text{-}CO\text{-}NH\text{-}R' + H_2O \dashrightarrow R\text{-}CH_2\text{-}CO\text{-}OH + H_2N\text{-}R'$$

Bei dieser Reaktion, die im allgemeinen langsamer als die Esterspaltung abläuft, wird neben der Säure ein Amin gebildet.

Weitere wichtige Hydrolysen werden auch durch die bereits erwähnten Epoxidhydrolasen sowie von Phosphatasen und Glykosidasen ausgeführt.

2.) Oxidation

An den Oxidationen von Fremdstoffen beteiligen sich auch Oxidasen, die dem Molekül Wasserstoff entziehen. Zu den wichtigen Enzymen gehören die Alkoholdehydrogenasen, die Aldehyddehydrogenasen und die Monoaminooxidasen.

Die Alkoholdehydrogenase dehydriert Alkohole zu Aldehyden, die als Substrate der Aldehyddehydrogenase zu Carbonsäuren weiter oxidiert werden. Die primären Alkohole werden verhältnismäßig leicht zu Carbonsäuren oxidiert. Die sekundären Alkohole sind bis zu einem gewissen Grade gegenüber der Oxidation beständig, während tertiäre Alkohole praktisch nicht oxidierbar sind. Die Reaktionen von Alkohol-

und Aldehyddehydrogenasen sind reversibel, es können z.B. auch Aldehyde und Ketone zu Alkoholen reduziert werden.

Die oxidative Desaminierung läuft in den Mitochondrien ab. Dazu müssen die Substrate zuerst die Mitochondrienmembranen passieren. Substrate wie die körpereigenen Catecholamine (Adrenalin, Noradrenalin, Dopamin) werden zum jeweiligen Aldehyd oxidiert, um dann weiter zum Alkohol reduziert oder zur Säure oxidiert zu werden.

3.) Reduktion

Wegen der Reversibilität der Reaktionen der Alkohol- und Aldehyddehydrogenasen können die enzymatischen Vorgänge auch in umgekehrter Richtung reduktiv verlaufen. Zusätzlich hat man einige Reduktasen aus Leber, Nieren und Erythrozyten isoliert, die z.T. im Zytoplasma gelöst und an Membranen gebunden vorkommen.

2.5.2 Phase-II-Reaktionen

Die Hauptfunktion der Phase-II-Reaktionen ist es, Substanzen mit kopplungsfähigen funktionellen Gruppen wie OH-, NH_2- und SH-Gruppen, die wie beschrieben in der Phase-I geschaffen wurden, durch enzymatische Prozesse mit körpereigenen Substanzen zu verbinden. Diese stammen aus dem Zwischenstoffwechsel und sind besonders gut wasserlöslich. Sie werden meist durch spezifische Transferasen an die zur Ausscheidung bestimmten Moleküle angedockt, um diese dann durch die Nieren oder mit der Gallenflüssigkeit zu eliminieren. Die Kopplungs- oder Konjugationsreaktionen haben in der Regel den Charakter von Entgiftungs- oder Inaktivierungsprozessen, da die konjugierten Verbindungen fast immer biologisch inaktiv sind.

Bei der Ausscheidung mit der Galle in den Darm kommt es häufiger als in der Niere vor, daß das Konjugat wieder gespalten wird. Besonders im Dickdarm spalten Bakterien mit Hilfe ihrer ß-Glucuronidase den an Glucuronsäure gekoppelten Wirkstoff wieder ab. Der Wirkstoff kann damit erneut resorbiert werden. Es resultiert ein sogenannter enterohepatischer Kreislauf, der unter Umständen eine effektive Ausscheidung wirksam verhindern kann.

Die wichtigsten Konjugationsreaktionen erfolgen mit:

- aktivierter Glucuronsäure (Glucuronsäure entsteht aus Glucose)
- aktiviertem Sulfat
- Aminosäuren, insbesondere Glycin (H_2CNH_2-COOH)
- Glutathion (γ-Glutamyl-cysteinyl-glycin)
- aktivierter Essigsäure
- S-Adenosylmethionin
- Bildung von Mercaptursäure-Verbindungen

Von den Konjugationsreaktionen ist die wichtigste die Kopplung eines Fremdstoffes oder seines Metaboliten an die Glucuronsäure. Die Glucuronsäure muß dabei in einer vom Stoffwechsel aktivierten Form vorliegen und zwar in einer energiereichen Bindung an Uridindiphosphat.

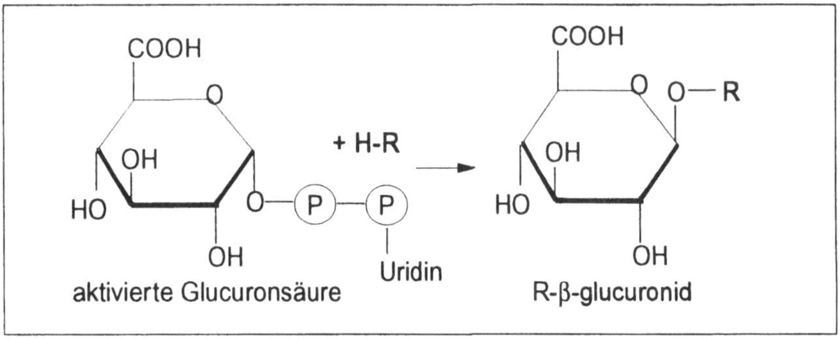

Abbildung 19. Beispiel einer Konjugation mit aktivierter Glucuronsäure

Die in den Mikrosomen lokalisierten Glucuronyltransferasen übertragen von diesem aktivierten Komplex die Glucuronsäure auf das Akzeptormolekül. Grundsätzlich kann Glucuronsäure mit Hydroxy- (Ether-Typ), Amino- (N-Glucuronide), Carboxyl- (Ester-Typ) und SH-Gruppen (S-Glucuronide) gekoppelt werden.

Im Zytoplasma gelöste Sulfotransferasen verbinden aktiviertes Sulfat mit Alkoholen und Phenolen. Sulfat steht jedoch nicht in beliebiger Menge im Organismus zur Verfügung, da es erst aus schwefelhaltigen Aminosäuren gebildet werden muß.

Andere Transferasen sind an der Übertragung der Aminosäuren Glycin oder Glutamin auf Carbonsäuren beteiligt. Die Konjugation von Benzoesäure mit Glycin zur Hippursäure (C_6H_5-CO-NH-CH_2-COOH) gilt als erstentdeckte Umsetzung im Fremdstoffwechsel (1842). Die Hippursäure wurde zuerst aus dem Pferdeharn isoliert (hippos, griechisch Pferd).

Im Gegensatz zu den vorher beschriebenen Konjugationen erfordert die Reaktion mit Glutathion keine besondere Aktivierung. Glutathion ist ein Tripeptid aus den Aminosäuren Glutaminsäure, Cystein und Glycin. Die Kopplung wird dadurch ausgelöst, daß der nucleophile Schwefel der Aminosäure Cystein ein elektrophiles Zentrum der Fremdsubstanz angreift. In den anschließenden Reaktionen werden die Glutaminsäure und Glycin abgespalten und die Aminogruppe des Cysteinrestes acetyliert, wodurch Mercaptursäure entsteht. Die erste Reaktion mit der SH-Gruppe des Cysteins wird von Glutathion-S-Transferasen katalysiert. Dieses Enzym ist auch besonders wichtig für den Abbau der aus aromatischen Verbindungen entstehenden Epoxide.

Fremdstoffe mit Aminogruppen, die nicht oxidativ biotransformiert werden können, sind häufig Substrate von Acetyltransferasen. Beispiele hierfür sind aromatische Amine, wie Anilin und Alkylamine.

Schließlich heißen die Enzyme, die Methylierungen katalysieren, Methyltransferasen. Als Coenzym wirkt hier das S-Adenosylmethionin, dessen aktivierte Methyl-Gruppe von der Aminosäure Methionin ($\underline{H_3C}$-S-CH_2-CH_2-$HCNH_2$-COOH) herstammt. Die Methylierung phenolischer OH-Gruppen bei den körpereigenen Catecholaminen wie Adrenalin ist eher eine Ausnahmereaktion als die Regel und kommt im Rahmen der Biotransformation selten vor.

2.5.2.1 Einfluß des Alters auf die Biotransformation

Das Alter kann bei der Biotransformation eine ganz entscheidende Rolle spielen. So sind die Enzyme der Biotransformation beim Neugeborenen noch unzureichend ausgebildet. Die Glucuronyltransferasen werden erst zum Zeitpunkt der Geburt gebildet. Ganz im Gegensatz dazu ist bei Kindern im Alter von 1 bis 8 Jahren die Geschwindigkeit der

Biotransformation im Vergleich zu Erwachsenen erhöht, woran das größere Verhältnis von Lebergewicht zu Körpergewicht beteiligt sein kann.

Im höheren Alter läuft der Cytochrom P-450-abhängige Stoffwechsel langsamer ab, während Phase-II-Reaktionen meist unverändert bleiben.

Neben dem Alter können auch das Geschlecht, der Ernährungszustand sowie Krankheiten und körperlicher Streß von Bedeutung für die Biotransformation sein. Bewirken ein oder mehrere Substanzen eine Enzyminduktion in der Leber, so können andere Fremdstoffe vermehrt umgesetzt werden und ihre Metaboliten unter Umständen wegen der erhöhten Konzentration toxisch wirken. Anstatt der Giftung kann auch das Gegenteil der Fall sein, nämlich eine Bioinaktivierung.

2.6 Elimination von toxischen Substanzen durch Exkretion

Für die Exkretion von toxischen Substanzen stehen grundsätzlich folgende Wege zur Verfügung:

1.) Nieren und ableitende Harnwege
2.) Leber, Gallenwege und Darm
3.) Haut und Anhangsorgane sowie Sekretion
4.) Lungen

Dabei steht die Ausscheidung von Fremdsubstanzen mit dem Harn über die Nieren im Vordergrund.

Dagegen sind die Ausscheidung über die Augenflüssigkeit (Tränen) und über die Anhangsgebilde wie Nägel und Haare von untergeordneter Bedeutung. Die Anhangsgebilde sind jedoch mitunter wichtig für den Nachweis einer erfolgten Exposition, z.B. gegenüber Schwermetallen. Nägel und Haare besitzen eine hohe Konzentration an schwefelhaltigen Aminosäuren und reichern die Schwermetalle, die sich chemisch relativ gut nachweisen lassen, normalerweise um etwa zwei Größenordnungen stärker an als die Körperflüssigkeiten. Aufgrund der Kenntnis der Wachstumsgeschwindigkeit der Haare von etwa 1 mm pro Tag und der der Nägel mit ungefähr 1 mm pro Woche läßt sich der Zeitpunkt einer Exposition mit einer Genauigkeit von Tagen ermitteln.

2.6.1 Ausscheidung durch die Nieren

Die Nieren haben folgende physiologischen Aufgaben:

1.) Sie regulieren den Wasser- und Elektrolythaushalt sowie das Säure-Base-Gleichgewicht. Die Ionenkonzentrationen im Blutplasma werden über die Nieren kontrolliert, auf konstanter Größe gehalten und somit eine I s o i o n i e gewährleistet. Aber nicht nur die Konzentration der einzelnen Ionen selbst, sondern auch der durch alle beteiligten Teilchen erzeugte osmotische Druck wird auf einen konstanten Betrag, den isotonischen Druck von etwa 300 mosmol pro Liter, gleichbleibend eingestellt. Die Niere ist in diesem Falle für die I s o t o n i e verantwortlich. Darüberhinaus wird auch das Volumen des Plasmas konstant gehalten, diese Leistung hat eine I s o v o l ä m i e zur Folge. Kurzfristige pH-Verschiebungen im Plasma können durch Veränderungen der CO_2-Abgabe über die Lungen korrigiert werden, dagegen werden die langfristigen pH-Einstellungen im wesentlichen von der Niere geregelt. Die Niere ist also auch für die Einhaltung der I s o h y d r i e zuständig.

2.) Seitens des Stoffwechsels erfüllt die Niere eine wichtige Funktion bei der Ausscheidung der Endprodukte des Eiweißstoffwechsels. Diese Endprodukte sind Harnstoff, Kreatinin, Harnsäure, Ammoniak, Aminosäuren, Hippursäure und Proteine.

3.) Die Niere ist das wichtigste Ausscheidungsorgan für viele Fremdstoffe und nimmt außerdem an der Biotransformation teil. Die funktionelle Einheit der Niere ist das Nephron (Abb. 20). Jede menschliche Niere enthält etwa eine Million dieser Nephronen.

Im Glomerulus wird fortlaufend ein Teil des Blutes abfiltriert. Die Permeabilität der Kapillaren im Glomerulus ist etwa 50 mal so groß wie diejenige der Muskel-Kapillaren. Das Ausschlußvolumen im Glomerulus liegt bei einem Molekulargewicht um 60 000. Wichtiger als das Molekulargewicht ist jedoch der Moleküldurchmesser. Moleküle unter 4 nm passieren ie Glomerulusmembran verhältnismäßig leicht, dagegen werden solche mit einem Durchmesser über 10 nm fast vollständig im Blutplasma zurückbehalten. Plasma-Albumin mit einem Molekulargewicht von 69 000 ist im Filtrat mit nur etwa 0.2 % seiner Konzentration im Plasma enthalten. Man kann davon ausgehen, daß die Zusammensetzung des Filtrates der des Plasmas ohne die Proteine sehr ähnlich ist.

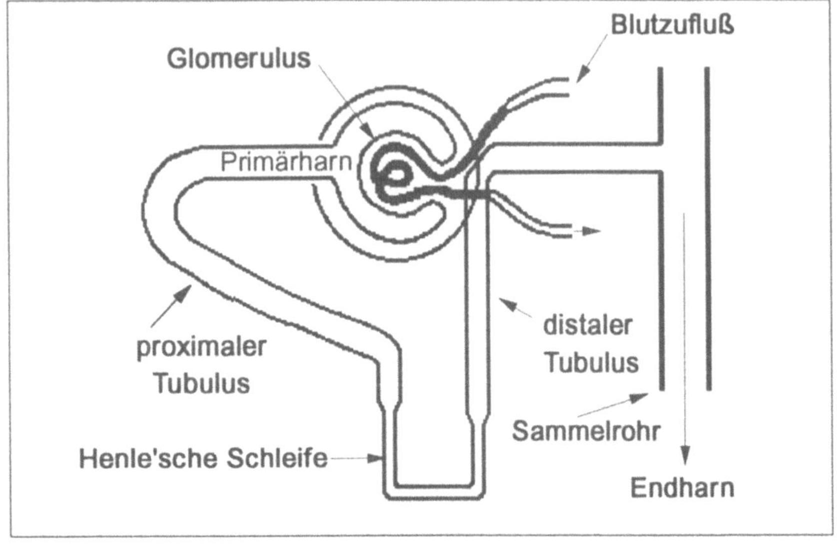

Abbildung 20. Schematische Darstellung eines Nephrons

Bei einem Gewicht von nur 0.3 % des Körpergewichtes erhalten die beiden Nieren in der Ruhe 1.2 bis 1.3 Liter Blut pro Minute, das sind 20 bis 25 % des gesamten Blutvolumens. Die Glomeruläre-Filtrationsrate (GFR) eines durchschnittlichen Erwachsenen liegt bei 125 ml Blutflüssigkeit pro Minute oder 7.5 Litern pro Stunde bzw. 180 Litern pro Tag. Die Ausscheidung dieses sogenannten Primärharns korreliert mit der Körperoberfläche. Sie liegt bei der Frau um durchschnittlich 10 % niedriger als beim Mann. Obwohl pro Tag durchschnittlich 180 Liter Primärharn produziert werden, wird nur etwa 1 Liter Endharn ausgeschieden. Daraus folgt, daß über 99 % des Primärfiltrates von den Nieren rückresorbiert werden müssen. Bei 180 Litern Primärharn pro Tag filtrieren die Nieren etwa das Vierfache des gesamten Körperwassers oder 60 mal das gesamte Plasmavolumen von 3 Litern. Allein diese Tatsache macht klar, daß die Ausscheidung von Fremdstoffen hauptsächlich durch die Nieren erfolgt.

Während der vom Glomerulus abfiltrierte Primärharn etwa den gleichen osmotischen Druck wie das Blut besitzt, hat der Endharn einen 3- bis 4fach höheren osmotischen Druck. Die Niere leistet eine Konzentrierungsarbeit. Diese geschieht im proximalen Tubulus, in der Henle'schen Schleife, im distalen Tubulus und im Sammelrohr des Nephrons (siehe Abbildung 20). Dabei steigt der osmotische Druck von 300 bis auf 1400 mosmol pro Liter an, und das Harnvolumen nimmt, wie bereits erwähnt, bis auf 1 % des Ausgangswertes ab.

Im proximalen Tubulus wird das Filtrat bis auf 40 % eingeengt, und die im Primärharn sich befindenden Nährstoffe wie Glucose, Aminosäuren und Hydrogencarbonat werden fast vollständig in das Blut zurücktransportiert. Dagegen reichern sich Ausscheidungsprodukte wie Säureäquivalente und Harnstoff im tubulären Harn an. Auf dem restlichen Weg werden körperwichtige Elektrolyte zur Aufrechterhaltung der Isoionie, Isotonie, Isovolämie und Isohydrie zurückgewonnen.

Die meisten Fremdstoffe und toxischen Substanzen sind kleine Moleküle, die effektiv durch die glomeruläre Filtration ausgeschieden werden können. Die glomeruläre Filtrationsrate (GFR ~125 ml/min) bestimmt somit ganz wesentlich die Ausscheidungsgeschwindigkeit. Da der größte Teil der Filtrationsflüssigkeit (99 %) wieder resorbiert wird, bedeutet das gleichzeitig, daß 125 ml Plasma pro Minute von der toxischen Substanz befreit werden. Deshalb wird dieser Wert auch als Nieren-Clearance bezeichnet.

Weiterhin spielt die Größe des Körpervolumens, in der die toxische Substanz sich verteilt hat, eine Rolle. Es gilt, je größer das Verteilungsvolumen ist, desto länger ist auch die Ausscheidungszeit. Liegt außerdem noch eine Bindung der Substanz an Gewebsproteine und/oder an die Plasmaproteine vor, so verlängert sich die Ausscheidungszeit noch weiter, da jeweils nur der freie, ungebundene Anteil filtriert werden kann.

Neben der Filtration kann weiterhin eine passive Rückdiffusion in den ableitenden Nierenkanälchen die Ausscheidungsgeschwindigkeit einer toxischen Substanz beeinflussen. So gelangen lipophile Substanzen durch eine Rückdiffusion über die Tubuluszellen der Nierenkanälchen wieder in das Blut zurück. Diese Rückdiffusion kann unter Umständen so groß sein, daß die Konzentration der toxischen Substanz im Harn und im Blutplasma etwa gleich hoch gehalten wird. Besteht darüber hinaus noch eine starke Bindung der lipophilen Substanz an die Plasmaproteine, so wird die Ausscheidung durch die Niere noch weiter verlangsamt. Erst wenn die toxische Substanz durch die Biotransformation wasserlöslich gemacht worden ist, erfolgt auch eine wirksame Elimination.

Basische und saure toxische Substanzen werden im allgemeinen gut ausgeschieden, solange sie in der ionischen Form vorliegen. Damit gewinnen der pH-Wert des Harns und die Dissoziationskonstante der Substanzen einen Einfluß auf die Ausscheidung. Im allgemeinen ist der pH-Wert im Harn niedriger als der des Blutes von 7.4. Dies hängt mit der nierenbedingten Isohydrie, der Erhaltung des Säure-Base-Gleichgewichtes, zusammen, die meist durch Protonenabgabe an den Harn erfolgt. Der physiologische Bereich des Harns schwankt deswegen zwischen den pH-Werten 5 und 7.

Der Arzt kann durch bestimmte Substanzen den pH-Wert des Harns willkürlich verstellen. Nach oraler Gabe von Hydrogencarbonat erreicht der Harn pH-Werte von über 8, und durch die Zuführung von Protonen über die Verbindung Ammonium-chlorid läßt sich der Harn auf den unteren physiologischen pH-Bereich einstellen. Mit Hilfe dieser therapeutischen Maßnahmen kann die Ausscheidung von toxischen Substanzen ganz wesentlich beeinflußt werden. Schwache Basen werden so durch Absenken des pH-Wertes und schwache Säuren durch Alkalisieren des Harns in die ionischen Formen überführt und in diesem wasserlöslichen Ionenanteil ausgeschieden. Als Beispiele hierfür erfolgen eine erhöhte Eliminierung von Nicotin durch Acidifizierung und bei einer Intoxikation mit Salicylsäure eine vermehrte Ausscheidung durch Alkalisierung des Harnes.

Neben den physikalischen Prozessen wie Filtration und Diffusion kann auch ein aktiver Transportmechanismus für die Ausscheidung von toxischen Substanzen verantwortlich sein. Es handelt sich hierbei um die tubuläre Sekretion. Durch ein Transportsystem, das in den proximalen

Nierentubuli lokalisiert ist, werden viele organische Säuren, wie z.B. Penicillin, Sulfonamide, Phenolrot, Glucuronide, Sulfate und Harnsäure entgegen ihrem Konzentrationsgradienten aktiv in den Harn sezerniert (secernere, absondern). Einzelne Substanzen konkurrieren beim Transport und vermögen sich hierdurch gegenseitig an der Ausscheidung zu hindern.

Außer Säuren können auch organische Basen von den Tubuluszellen aktiv sezerniert werden. Der Transport von Basen erfolgt unabhängig von dem der Säuren. Als Beispiele hierfür gelten Substanzen wie Dopamin (Transmitter) und Tetraethylammoniumchlorid.

Nach der Geburt sind verschiedene Funktionen der Niere noch nicht vollständig entwickelt. Substanzen, die hauptsächlich durch eine aktive Sekretion ausgeschieden werden, sind beim Neugeborenen oft toxischer, da die Transportsysteme noch nicht vollständig vorhanden sind und somit eine Elimination nur langsam verläuft.

2.6.2 Ausscheidung über die Galle

Mit der Gallenflüssigkeit werden vor allem solche toxischen Substanzen ausgeschieden, die ein Molekulargewicht von über 500 besitzen oder durch Umsetzung über die Biotransformation, haupsächlich durch die Phase-II-Reaktionen, dieses hohe Molekulargewicht erlangt haben. Dagegen werden Substanzen mit einem Molekulargewicht unter 300 bevorzugt durch die Nieren ausgeschieden.

Für die biliäre (bilis, Galle) Ausscheidung von Substanzen werden zwei Transportmechanismen verantwortlich gemacht. Dies sind eine passive Diffusion der Substanzen beim Durchgang von den Leberzellen in die Gallenkapillaren und ein aktiver Transport. Letzterer ist für verschiedene saure Farbstoffe wie z.B. Phenolrot und Bromsulphthalein nachgewiesen worden. Daneben gibt es wahrscheinlich noch ein Transportsystem für organische Basen und ein weiteres für Neutralstoffe mit polaren Gruppen. Für glucuronidierte Fremdstoffe ist die biliäre Ausscheidung besonders bedeutsam.

Die Gallenflüssigkeit selbst ist kein Filtrationsprodukt, welches mit dem Harnfiltrat verglichen werden könnte. Sie wird vielmehr aktiv in die

Gallenkanälchen sezerniert. Die Gallenflüssigkeit wird auf dem Wege durch die Gallenkanälchen durch Stoffaustausch mit dem Blutplasma modifiziert.
Die Tagesproduktion der Galle wird auf 0.5 bis 1 Liter Gallenflüssigkeit geschätzt.

Substanzen	in der menschlichen Galle
Wasser	97 %
Gallensäuresalze	0.70 %
Gallenfarbstoffe	0.20 %
Cholesterin	0.06 %
Anorganische Salze	0.70 %
Fettsäuren	0.15 %
Lecithin	0.10 %
Enzyme	alkalische Phosphatase und
	γ-Glutamyl-Transpeptidase

Tabelle 8. Zusammensetzung der menschlichen Gallenflüssigkeit

Einige Gallenbestandteile und mit der Galle sezernierte Fremdstoffe können, nachdem sie in den Darm ausgeschieden worden sind, von dort wieder in das Blut zurückgelangen. Dieser Aufnahmeweg wurde bereits an anderer Stelle als enterohepatischer Kreislauf beschrieben.

Gallengängige Substanzen müssen eine polare Gruppe enthalten. Für toxische Substanzen werden häufig erst die Voraussetzungen für die biliäre Ausscheidung durch die Konjugation in der Phase-II-Reaktion geschaffen. Erstens wird dabei das Molekulargewicht durch Kopplung mit z.B. Glucuronsäure um 177 erhöht und zweitens eine anionische Gruppe in das Molekül eingeführt. Neben Glucuronsäure spielen die Konjugationen mit Glutathion, Schwefelsäure und Glycin eine Rolle. Quarternäre Ammoniumverbindungen werden als Kationen transportiert.

Da die toxischen Substanzen hauptsächlich konjugiert als hydrophile Stoffe in die Galle ausgeschieden werden, spielt eine Rückdiffusion aus den Gallenkanälchen praktisch keine Rolle. Wegen der aktiven Ausscheidung in die Gallenflüssigkeit können aber sehr hohe Konzentrationen toxischer Substanzen erreicht werden, die möglicherweise für die Entstehung bestimmter Lebertumoren verantwortlich sind.

Als Faktoren, die die biliäre Ausscheidung beeinflussen und herabsetzen können, kommen besonders eine verminderte Glucuronidierungsleistung oder eine Hemmung der mikrosomalen Enzyme in Frage. Dagegen bewirkt eine mikrosomale Enzyminduktion durch Fremdstoffe eine deutliche Steigerung der biliären Ausscheidung. Dieses Prinzip kann therapeutisch ausgenutzt werden, um bestimmte toxische Substanzen schneller zu entgiften und über die Galle auszuscheiden.

Bezüglich der Abhängigkeit der biliären Ausscheidung von der Molekülgröße gibt es Unterschiede zwischen verschiedenen Tierarten. Bei der Ratte schwanken die Molekulargewichte um 325 ± 50, beim Meerschweinchen um 400 ± 50 und beim Kaninchen um 475 ± 50. Demnach steht das Kaninchen bezüglich der Größenabhängigkeit dem Menschen am nächsten. Beim Neugeborenen ist das Sekretionssystem der Galle noch nicht ausgereift. Eine Ausreifung kann jedoch beschleunigt werden durch Induktion der mikrosomalen Enzymsysteme mit z.B. Phenobarbital.

2.6.3 Ausscheidung durch Sekrete, Schweiß und Milch

Quantitativ ist die Ausscheidung von toxischen Substanzen mit dem Sekret von Speichel, den Verdauungssäften des Darmes und der Tränenflüssigkeit von untergeordneter Bedeutung. Auch die Ausscheidungen durch den Schweiß und durch die Muttermilch spielen mengenmäßig nur eine geringe Rolle.

Die Herkunft von Substanzen, die im Kot erscheinen, kann sehr unterschiedlich sein. Die Substanzen können z.B. von der Nahrung herstammen, durch die Tränenflüssigkeit auf dem Wege über den Tränenkanal in den Darm gelangt sein, mit dem Speichel sezerniert worden sein, auf dem Wege über das Flimmerepithel der Bronchien aus den Lungen kommen. Weiterhin können die Substanzen aus der

Gallenflüssigkeit, dem Magensaft, Pankreassekret und Darmsaft in den Kot gelangt sein.

Die direkte Ausscheidung von toxischen Substanzen in den Darm ist für verschiedene Schwermetalle, für quartäre Ammoniumverbindungen, schwache Säuren sowie für Herzglykoside nachgewiesen worden. Weiterhin kann die pH-Differenz zwischen dem sauren Mageninhalt und dem Blut zu einer Anreicherung von basischen Substanzen im Magen führen (siehe Abb. 14).

Um toxische Substanzen aus dem Verdauungstrakt zu entfernen, können außer dem Spülen der Brechreiz ausgelöst und Abführmittel zum Verhindern der Resorption eingesetzt werden.

Die Ausscheidung von toxischen Substanzen mit der Milch ist von besonderer Wichtigkeit für das Brustkind und für die Übertragung von der Kuh auf den Menschen durch das Nahrungsmittel Kuhmilch. Da der pH-Wert der Milch bei pH 6 liegt, reichern sich in der Milch besonders basische Verbindungen an, ähnlich wie beim Magen beschrieben (Ionenfalle). Außerdem ist der Lipidgehalt der Milch, der zwischen 3 und 5 % liegt, für die Verteilung von lipophilen Substanzen wichtig. Über diese Nahrungskette können sich lipophile Substanzen wie DDT anreichern.

Bei stillenden Frauen muß grundsätzlich die Möglichkeit der Übertragung von Medikamenten durch die Milch in Betracht gezogen werden. Auch Alkohol und Nicotin werden mit der Milch auf den Säugling übertragen.

2.6.4 Ausscheidung über die Lungen

Die pulmonale (pulmo, Lunge) Ausscheidung von Gasen und flüchtigen Substanzen ist proportional dem Konzentrations- bzw. dem Druckgradienten zwischen Blut und eingeatmeter Luft. Grundsätzlich gelten für die Ausscheidung die gleichen Gesetzmäßigkeiten wie für die Aufnahme.

Die Dauer der pulmonalen Ausscheidung ist besonders von den physikalisch-chemischen Eigenschaften der Gase oder flüchtigen Substanzen abhängig.

2.7 Toxikokinetische Modellvorstellungen

Ein toxikokinetisches Modell soll in Abhängigkeit von der Zeit mit mathematischen Funktionen den Weg einer toxischen Substanz im menschlichen Organismus annähernd genau wiedergeben können. Der Toxikologe wird durch ein gutes mathematisches Modell in die Lage versetzt, nach einer Exposition die wirksame Konzentration im Organismus zu ermitteln. Hierdurch kann unter Umständen die Einwirkungsdauer und damit das toxische Risiko aus der Expositionskonzentration und der Expositionszeit abgeschätzt werden.

Zur Erstellung eines solchen Modells ist der im Experiment gemessene zeitliche Verlauf der Konzentration der toxischen Substanz im Blutplasma von großer Wichtigkeit. Jeder einzelne Meßwert kann als eine Resultante aller ablaufenden Einzelvorgänge wie Aufnahme in das Blut, Verteilung im gesamten Organismus, Biotransformation und Ausscheidung aufgefaßt werden. Verbindet man die einzelnen Meßwerte miteinander, so erhält man eine sogenannte B l u t s p i e g e l - Z e i t k u r v e. Ihr Kurvenverlauf erfaßt die oben genannten Einzelvorgänge. Das einfachste Modell ist ein offenes System mit einem Zu- und einem Abfluß. Ist die Bilanz von Zu- und Abfluß ausgeglichen, so spricht man von einem Fließgleichgewicht oder "steady state". Überwiegt aber der Zufluß, so kommt es im Organismus zu einer A k k u m u l a t i o n.

Wichtige Parameter in einem solchen Modell sind die Anzahl und Größe der Verteilungsräume (Kompartimente), sowie die einzelnen Geschwindigkeitskonstanten für den Zufluß, den Transfer und den Abfluß.

2.7.1 Das Ein-Kompartiment-Modell

Der einfachste denkbare Fall ergibt sich aus folgenden Bedingungen: Eine toxische Substanz, die im Organismus keiner metabolischen Veränderung unterliegt, wird mit einer Spritze in die Blutbahn injiziert und verteilt sich nach kurzer Zeit im Blutplasma. Die Durchmischungszeit im Kreislauf beträgt etwa 3 Minuten, und nach dieser Zeit ist die Substanz gleichmäßig im Plasmavolumen von etwa 3 Litern verteilt. Die Substanz kann dieses eine Kompartiment, das Plasmavolumen, nur über den Ausscheidungsweg der Niere verlassen.

Die Elimination der Substanz durch die Niere bewirkt einen Abfall der Blutspiegelkurve. In den allermeisten Fällen handelt es sich dabei um eine Kinetik "erster Ordnung", die sich durch folgende Differentialgleichung beschreiben läßt:

$$- dC/dt = k_e \cdot C \qquad (1)$$

Dabei ist C die Konzentration der Substanz im Blutplasma (Plasma), t die Zeit und k_e die Eliminationskonstante. Nach Integration von (1) erhält man die Konzentration der Substanz C zum Zeitpunkt t mit:

$$C_t = C_o \cdot \exp(-k_e t) \qquad (2)$$

wobei C_0 die Konzentration der Substanz zum Zeitpunkt 0 ist. Durch Logarithmieren erhält man:

$$\ln C_t = \ln C_o - k_e t \qquad (3)$$

bzw.

$$\log C_t = \log C_o - (k_e/2.303) \cdot t \qquad (4)$$

Die Gleichungen 3 und 4 sind einfache lineare Gleichungen mit dem y-Achsen-Schnittpunkt ln C_0 bzw. log C_0 und der Neigung, welche die Eliminationskonstante k_e (h^{-1} oder min^{-1}) wiedergibt.

Trägt man in einer graphischen Darstellung die gemessenen Konzentrationen im Plasma logarithmisch gegen die Zeit im linearen Maßstab auf, so müssen die Meßpunkte entsprechend den Gleichungen (3) und (4) auf einer geraden Linie liegen. Der graphisch ermittelte Schnittpunkt mit der y-Achse ergibt die Anfangskonzentration C_0 und aus der Neigung des Konzentrationsverlaufes geht die Eliminationskonstante k_e hervor.

Die Abbildungen 21a und 21b demonstrieren an einem Beispiel (C_0 = 10 mM, k_e = 0.2 h^{-1}) den zeitlichen Verlauf einer Blutspiegel-Zeitkurve in der linearen und in der halblogarithmischen Darstellung.

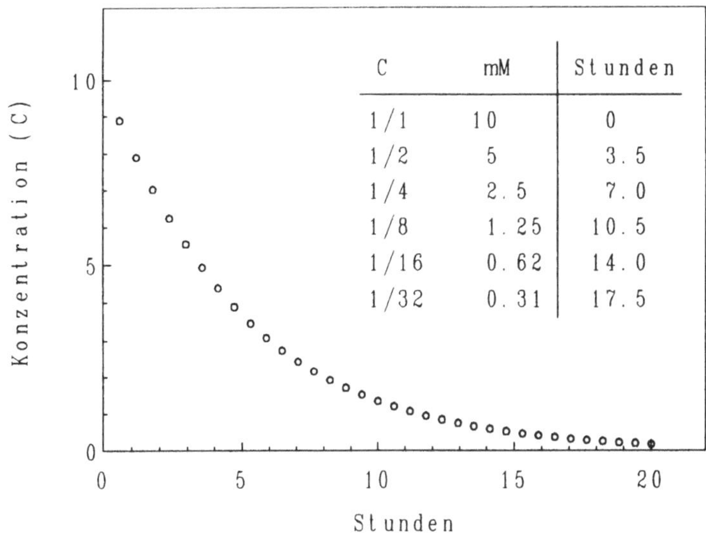

Abbildung 21a gibt die Konzentration im Plasma (lineare Auftragung) nach iv-Injektion einer Substanz bei Vorliegen eines Ein-Kompartiment-Modells wieder

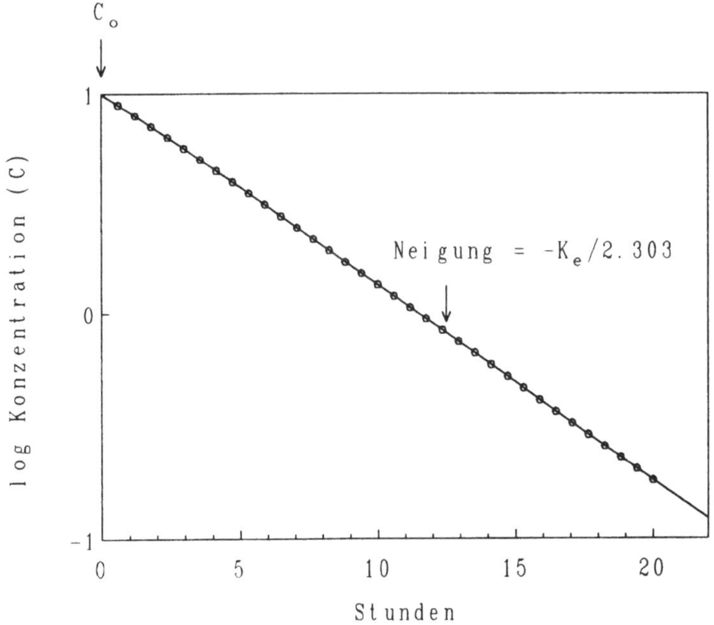

Abbildung 21b wie Abb. 21a, jedoch halblogarithmische Auftragung

Die halblogarithmische Darstellung hat den Vorteil, daß man durch die Gerade den exakten Schnittpunkt mit der y-Achse erhält, der aus der linearen Darstellung nur abgeschätzt werden kann. Mit ihrem Schnittpunkt ist die A n f a n g s k o n z e n t r a t i o n C_o bestimmt. Mit der C_o läßt sich das Volumen des Kompartiments errechnen, da die in die Blutbahn eingebrachte Menge (m) der Substanz bekannt ist. Beträgt die eingebrachte Menge (m) in unserem Beispiel 30 mmol, so errechnet sich das P l a s m a v o l u m e n, $V = m/C_o$ (30 mmol/10 mM), zu 3 Liter.

Multipliziert man das Plasmavolumen V (3 Liter) mit der Eliminationskonstante k_e (0.2 h^{-1}) , so ergibt sich die N i e r e n - C l e a r a n c e, nämlich das Volumen, das pro Minute von der Substanz befreit wird. In diesem Beispiel sind es 10 ml/min.

Abbildung 21a, die den exponentiellen Abfall der Konzentration der Substanz im Blutplasma wiedergibt, enthält eine tabellarische Darstellung für die Zeitspanne von 5 Halbwertzeiten. In dem Beispiel ist die Ausgangskonzentration von 10 mM auf die Hälfte abgefallen, wenn 3.5 Stunden vergangen sind. Nach dem Ablauf von fünf Halbwertzeiten ist die Substanz nur noch mit 1/32 (0.31 mM, ~ 3.1 %) der Ausgangskonzentration im Plasma vorhanden. Im allgemeinen signalisiert die niedrige Konzentration nach 5 Halbwertzeiten das Abklingen einer akuten toxischen Wirkung. Bei der klinischen Beurteilung von Medikamentenwirkungen gelten nach 5 Halbwertzeiten die meisten Medikamente als ausgeschieden. Somit ist die Halbwertzeit eine praktische Bezugsgröße für die Beurteilung einer Exposition.

Mit der Eliminationskonstanten k_e läßt sich eine direkte Beziehung zu der Halbwertzeit, die man oft als b i o l o g i s c h e H a l b w e r t z e i t bezeichnet, herstellen. Setzt man in die Gleichung (2) für $C_t = C_o/2$ und für $t = t_{1/2}$ ein, so ergibt sich:

$$C_o/2 = C_o \cdot \exp(-k_e\, t_{1/2}) \qquad (5)$$

Dividieren durch C_o und Logarithmieren ergibt:

$$\ln 1/2 = -k_e\, t_{1/2}, \quad \text{oder} \quad t_{1/2} = 0.693/k_e \qquad (6)$$

Wie aus Gleichung (6) ersichtlich, ist die Halbwertzeit für eine Substanz mit einer Kinetik "erster Ordnung" unabhängig von der Konzentration der Substanz, sie ist umso kleiner, je größer k_e ist.

Für die Abhängigkeit der Halbwertzeit $t_{1/2}$ von Verteilungsvolumen V und Clearance (CL) gilt die Beziehung:

$$t_{1/2} = 0.693\ (V/CL), \quad \text{da} \quad CL = V\,k_e \qquad (7)$$

Die Halbwertzeit einer Substanz ist also umso länger, je größer das Verteilungsvolumen ist, und umso kürzer, je größer die Clearance ist.

Die Situation in einem offenen Ein-Kompartiment-Modell wird etwas komplizierter, wenn wir anstelle der schnellen i.v. (intravenösen) Injektion durch eine Spritze eine langsame Aufnahme durch den Magen-Darm-Trakt annehmen. Die Zeichnung veranschaulicht hierbei die kinetischen Bewegungen der Substanz:

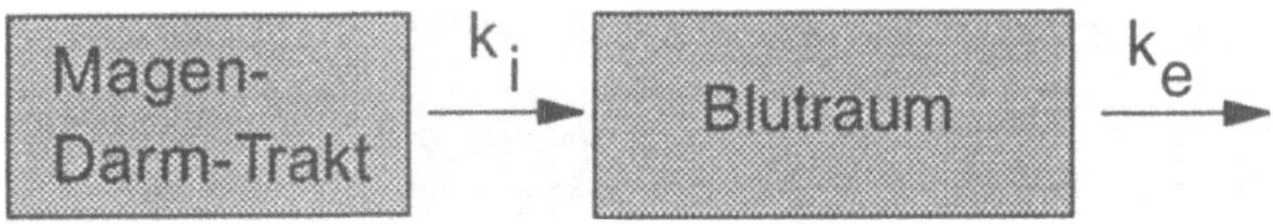

Gelangt eine Substanz aus dem Magen-Darm-Trakt in den Blutraum, so steigt die Konzentration im Blutplasma von Null ausgehend an. Die Zeit für die Durchmischung und gleichmäßige Verteilung im Plasmavolumen ist im Vergleich zur Aufnahme sehr schnell und kann aus diesem Grund vernachlässigt werden. Während die Aufnahme aus dem Magen-Darm-Trakt fortschreitet, wird bereits ein Teil der sich im Blutplasma befindlichen Substanz durch die Nieren wieder ausgeschieden.

Wählt man wie in Abbildung 21b eine halblogarithmische Auftragung der experimentell bestimmten Substratkonzentrationen, so zeigt sich zuerst ein aufsteigender Kurventeil in konvexer Form, der nach Durchlaufen eines Maximums in eine gerade Kurve übergeht (Abbildung 22).

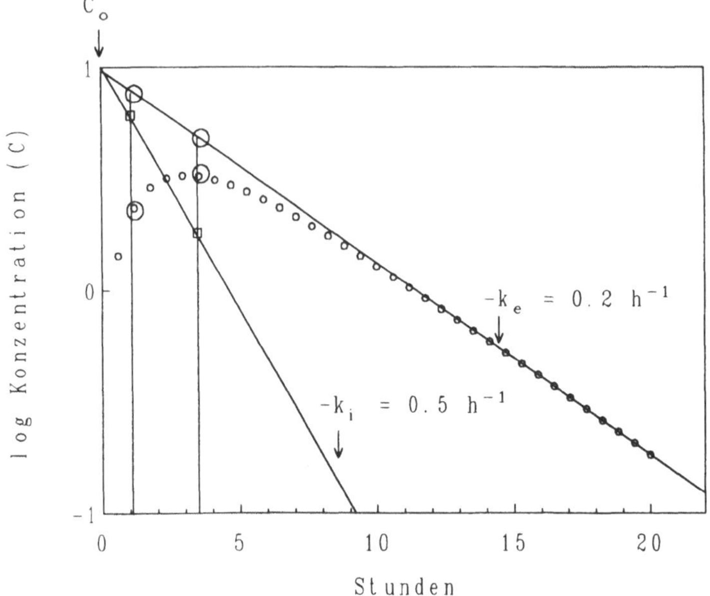

Abbildung 22 gibt die log Konzentration im Plasma nach oraler Verabreichung einer Substanz bei Vorliegen eines Ein-Kompartiment-Modells wieder

Am Scheitelpunkt der Kurve sind Aufnahme und Ausscheidung gleich. Nach dem Scheitelpunkt findet noch so lange eine Aufnahme statt, bis die Kurve in die Gerade der Elimination einmündet. Obwohl bereits während der Aufnahme eine Elimination stattfindet, wird nur dieser letzte Abschnitt als Eliminations-Phase bezeichnet, da hieraus die Eliminationskinetik berechnet werden kann. Wird die Gerade zum y-Schnittpunkt extrapoliert, so erhält man den Schnittpunkt C_0 und aus der Neigung die Eliminationskonstante k_e.

Mit Hilfe der Residualmethode kann auch die Invasionskonstante k_i bestimmt werden. Durch Differenzbildung von fiktiven Konzentrationen auf der extrapolierten "Eliminationsgeraden" (z.B. eingekreiste Werte) und den zeitlich zugeordneten, experimentell bestimmten Plasmakonzentrationen (zwei Kreise), erhält man die Residualpunkte (Quadrate). Verbindet man diese sogenannten "Residualpunkte" miteinander, so resultiert eine zweite Gerade. Aus der Neigung der Residual-Geraden errechnet sich die Invasionskonstante k_i.

Die Invasion in das Blutplasma kann ebenfalls mit einer Kinetik "erster Ordnung" beschrieben werden, wie bereits aus dem linearen Verlauf bei der halblogarithmischen Darstellung gefolgert werden kann. Für die Geschwindigkeit der Konzentrationszunahme im Blutplasma gilt unter der Annahme, daß keine Elimination stattfindet:

$$dC/dt = k_i \cdot (C_\infty - C) \qquad (9)$$

Hierbei ist C wie in Gleichung (1) die Konzentration der Substanz im Blutplasma zum Zeitpunkt t und $C\infty$ die Konzentration, welche unter der Annahme, daß keine Elimination stattfindet, zur Zeit $t = \infty$ erreicht wird. Integriert man die Gleichung (9), so folgt:

$$C_t = C_\infty \,[1 - \exp(-k_i t)] \qquad (10)$$

Bei gleicher Konzentration von $C\infty$ und C_0 in den Gleichungen für die Invasion (10) und Evasion (2) kann das Zusammenspiel der beiden Funktionen durch die sogenannte "B a t e m a n - F u n k t i o n" ausgedrückt werden:

$$C_t = C_0\, k_i/(k_i - k_e)\, [\exp(-k_e t) - \exp(-k_i t)] \qquad (11)$$

Die Bateman-Funktion demonstriert den einfachsten Verlauf des Blutspiegels einer Substanz nach Aufnahme aus dem Magen-Darm-Trakt, wie er in der Abbildung 22 dargestellt ist. Es sind bezüglich des Blutspiegels zwei entgegengesetzte Exponentialfunktionen vorhanden. Die Bateman-Funktion gilt nicht nur für die Resorption aus dem Darm, sondern kann auch angewendet werden, wenn eine Applikation in die Haut oder in den Muskel vorliegt.

2.7.2 Das Zwei-Kompartiment-Modell

Das offene Zwei-Kompartiment-Modell soll nur in einem Blockdiagramm dargestellt werden, um die kinetische Komplexizität darzustellen. Nachdem die Substanz vom Magen-Darm-Trakt in das zentrale Kompartiment, den Blutraum, transportiert worden ist, erfolgt nicht nur eine Ausscheidung über die Niere (k_e), sondern gleichzeitig eine Verteilung in ein peripheres Kompartiment mit den Transfer-Geschwindigkeitskonstanten k_{12} und k_{21}. Das Modell beschreibt z.B. die Verhältnisse für eine Substanz, die aus dem zentralen Blutraum in ein zweites Kompartiment, den Zwischenzellraum gelangt, der sozusagen im Nebenschluß liegt. Im allgemeinen erfolgt der Übertritt einer Substanz in den Zwischenzellraum und zurück sehr schnell. Die Halbwertzeit des Blutspiegelabfalls ist hier bereits eine sehr komplexe Größe.

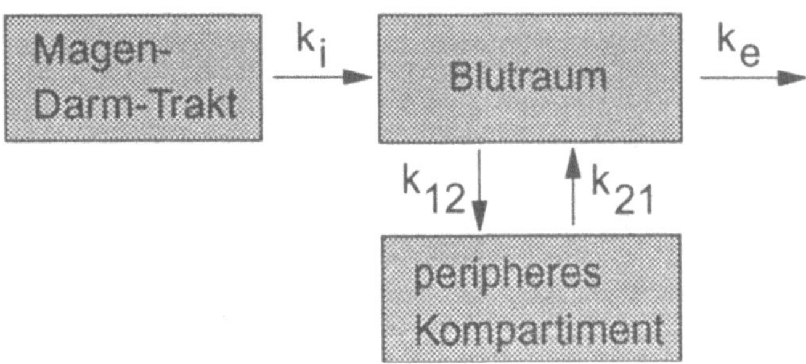

Da viele Substanzen sich nicht nur im Plasmaraum und im Extrazellulärraum verteilen, sondern in den Intrazellulärraum eindringen bzw. in Fettzellen und Membranen gebunden werden, kann deren Kinetik nur mit einem Multi-Kompartiment-Modell angenähert werden. Hierzu sind leistungsfähige Computer notwendig, und oft reichen die experimentellen Analysendaten aus dem Blut allein nicht aus.

Bezüglich der Verteilungsräume erhält man besonders bei lipophilen Substanzen Werte, die viel größer als die entsprechenden Wasserräume sind. Das hängt damit zusammen, daß diese Substanzen durch Bindung und Speicherung akkumulieren. Aus diesem Grunde ist das Verteilungsvolumen nur eine fiktive Größe, und man spricht in diesem Fall besser von einem "scheinbaren Verteilungsvolumen".

Der Realität entsprechend, sollte man die Räume des Körpers als vorgegebene Größen ansehen, denn diese sind definiert und können unabhängig bestimmt und vermessen werden. Dagegen sind die Konzentrationen der Substanzen in den verschiedenen Räumen veränderliche Parameter, besonders in den Bindungs- und Speicherregionen.

3 Toxikodynamik

Im vorangegangenen Kapitel wurden die Einflüsse des menschlichen Körpers auf Fremdstoffe, besonders auf toxische Substanzen, unter dem Oberbegriff der Toxikokinetik behandelt. Dabei wurden die wichtigsten Bewegungen und Umsetzungen der Stoffe von der Aufnahme bis hin zu ihrer Ausscheidung im Organismus verfolgt.

Im Kapitel Toxikodynamik wird die umgekehrte Richtung der Wechselwirkung, nämlich die Wirkung des Xenobiotikums auf den Organismus selbst, untersucht. Die Toxikodynamik befaßt sich mit den Reaktionen des Organismus, die von den Auswirkungen einer unspezifischen Bindung bis hin zu den Angriffen an höchst spezifische Rezeptoren resultieren. Neben der Ansprechbarkeit der rezeptiven Strukturen ist die Konzentration des Fremdstoffes, die vor Ort erreicht wird, für das Ausmaß der Wirkung verantwortlich. Somit bestimmen Toxikokinetik und Toxikodynamik gemeinsam die toxische Wirkung.

Auf der Suche nach funktionellen Erklärungen für die Vorgänge im menschlichen Organismus hat man sich schon früh toxischer Verbindungen als Hilfsmittel bedient. Dies führte u. a. zu der noch heute gültigen Grundeinteilung der acetylcholinergen Rezeptoren mit Hilfe von Muskarin und Nicotin.

In der Natur gibt es Giftpilze, die eine reine Muskarinvergiftung verursachen. Diese Pilze sind nicht zu verwechseln mit den Giftpilzen, die neben Muskarin noch eine atropinartige Substanz enthalten, wie z.B der Fliegenpilz (Amanita muscaria). In hoher Konzentration kommt Muskarin in rübenstichigen und kegelig geschweiften Rißpilzen vor. In Mitteleuropa erfolgt eine Muskarinvergiftung am häufigsten durch den ziegelroten Rißpilz (Inocybe Patouillardi). Die Vergiftungserscheinungen sind typisch und können in wenigen Stunden zum Tode führen. Die toxischen Symptome betreffen vor allem das nicht durch unseren Willen gesteuerte autonome oder vegetative Nervensystem. Das schlagende Froschherz kann ein einziger Tropfen eines muskarinhaltigen Pilzextrakts zum Stillstand bringen, und nur ein Tropfen einer Atropinlösung bewirkt, daß es wieder schlägt. Beim Menschen äußert sich die Muskarinvergiftung in starkem

Hitzegefühl, kräftigen Schweißausbrüchen, Speichelfluß, Tränensekretion, Pupillenverengung mit Sehstörungen, Herzschlagverlangsamung, Atemnot, Blutdruckabfall, Benommenheit und bald eintretender Bewußtlosigkeit.

Der Arzt benutzt zur Therapie der Muskarinvergiftung ein anderes Gift als Antidot, und zwar das beim Froschherz bereits erwähnte Atropin. Ein bis zwei Milligramm davon vermögen die Vergiftungssymptome schlagartig aufzuheben.

Der Begriff "muskarinartig" klassifiziert heute eine Gruppe von Acetylcholin-Rezeptoren, die sogenannten (muskarinischen) M-Typen. Das Muskarin wurde schon 1914 von Sir Henry Dale zu diesem Zweck verwendet. Sir Henry Dale und Otto Loewi wurden 1936 für ihre Entdeckungen bei der chemischen Übertragung der Nervenimpulse gemeinsam mit dem Nobelpreis ausgezeichnet.

3.1 Der Begriff des Rezeptors

Das Konzept des Rezeptors ist zu Beginn unseres Jahrhunderts enstanden, wobei sein Ursprung aus ganz unterschiedlichen Forschungsgebieten und Experimenten hervorging. Im wesentlichen sind es zwei Forscherpersönlichkeiten, Paul Ehrlich und John N. Langley, die unabhängig voneinander zu dem Begriff des Rezeptors vorgestoßen sind. Obgleich sie einen Rezeptor weder biochemisch noch analytisch oder histologisch nachweisen konnten, hielten sie auf Grund der Spezifität der chemisch-physikalischen Reaktionen die Rezeptoren für makromolekulare Strukturen, am wahrscheinlichsten für Proteine.

Paul Ehrlich (1854-1915)

Als Grundgedanken seiner Arbeit standen die Beziehungen zwischen Konstitution, Verteilung und Wirkung der Stoffe im Organismus im Vordergrund. Ganz besonders beeindruckte Paul Ehrlich die hohe Spezifität der Antigen-Antikörper-Reaktion, die in ihm Vorstellungen von Schlüssel und Schloß erweckten. Darauf aufbauend postulierte er Seitenketten mit spezifischen chemischen und sterischen Eigenschaften, die nur mit einer bestimmten Art von Antikörpern chemisch reagieren könnten. Ein ähnliches Phänomen der Spezifität entdeckte er als

Begründer der Chemotherapie zwischen bestimmten organischen Molekülen und Parasiten. Kleine Veränderungen am Molekül führten bereits zu Wirkungseinbußen gegen die Parasiten oder änderten die Toxizität gegenüber dem mit dem Parasiten befallenen Organismus. Zur Erklärung benutzte Ehrlich hier spezifische Seitenketten an den Zellen. Funktionelle chemische Gruppen wie SH- oder NH_2-Gruppen an Makromolekülen waren nach seiner Ansicht für die spezifischen Reaktionen verantwortlich, die ihn schließlich zum Begriff des Rezeptors führten. Sein daraufhin postuliertes Dogma "corpora non agunt nisi fixata" (Stoffe reagieren nicht, wenn sie nicht gebunden sind) wurde in der damaligen Zeit sehr kontrovers diskutiert und gilt doch heute als selbstverständlich.

John Newport Langley (1852-1926)

John Newport Langley kam aus der klassischen Schule von Claude Bernard, der meinte, die Wirkung des Pfeilgiftes Curare an den feinen Nervenendigungen zum Muskel lokalisiert zu haben, welches dort die Muskelkontraktion hemmen sollte. Langley konnte jedoch zeigen, daß die Muskelzellen auch ohne die geringste Beteiligung von Nerven zur Kontraktion fähig waren, wenn er nämlich Nicotin applizierte. Curare blockierte nun diese Wirkung des Nicotins am nervenlosen Muskelpräparat. Da an der Muskelzelle trotz einer Curareblockade noch eine Muskelkontraktion elektrisch ausgelöst werden konnte, bedeutete dies für Langley, daß weder Nicotin noch Curare mit dem Nerv oder mit dem Muskelkontraktionsmechanismus direkt reagieren konnten. Nach seiner Vorstellung mußte deshalb noch eine "rezeptive Substanz" vorhanden sein zum Auslösen der Muskelkontraktion durch Nicotin und zum Blockieren mit Curare. Die rezeptive Substanz von Langley ist der heute am besten in seiner molekularen Struktur bekannte nicotinische Acetylcholin-Rezeptor.

Der klassische Begriff des Rezeptors geht davon aus, daß Rezeptoren Makromoleküle sind und biologische Effekte durch Wirkstoff-Rezeptor-Interaktionen ausgelöst werden. Bis zu den sechziger Jahren war die Suche nach Rezeptoren erfolglos verlaufen, das Konzept des Rezeptors hatte bis dahin nur durch kinetische Studien eine Stütze erhalten. Endlich konnten in den letzten zwanzig Jahren zahlreiche hochspezifische Strukturen identifiziert, charakterisiert und dargestellt werden. Somit wurde das

Konzept des Rezeptors, das von Ehrlich und Langley zur Erklärung spezifischer Wirkungen vorgeschlagen worden ist, vollkommen bestätigt.

Die folgende Tabelle 9 gibt einen Überblick über eine Auswahl von Rezeptoren. Es werden heute immer mehr neue Rezeptoren isoliert, und ihre Zahl nimmt ständig zu. Die Rezeptoren können in vier große Gruppen eingeteilt werden, die eigentlichen Rezeptoren, Ionenkanäle, Enzyme und Transporter.

Darüberhinaus enthält Tabelle 9 wichtige *Agonisten* (Substanzen, die zur Rezeptorstimulation geeignet sind), *Antagonisten* (Substanzen, die einen agonistischen Effekt verringern oder ganz verhindern können), *Blocker* und *Inhibitoren* sowie *Modulatoren* und *falsche Substrate*. Dabei handelt es sich durchweg um spezifisch wirksame Substanzen, die in niedriger Konzentration mit den Rezeptoren reagieren können:

Tabelle 9: Überblick über eine Auswahl von Rezeptoren

1. Rezeptor	***Agonist***	***Antagonist***
nicotinischer Acetylcholin-Rezeptor	Acetylcholin, Nicotin	Tubocurarin, α–Bungarotoxin
muskarinischer Acetylcholin-Rezeptor	Acetylcholin, Muskarin	Atropin, Scopolamin
α_2-Adrenozeptor	Adrenalin Noradrenalin	Yohimbin
Histamin H_1-Rezeptor	Histamin	Mepyramin
Histamin H_2-Rezeptor	Impromidin	Cimetidin
Opiat-Rezeptor	Morphin	Naloxon
Serotonin-Rezeptor	Serotonin	Ketanserin
Dopamin D_2-Rezeptor	Dopamin	Chlorpromazin
Insulin-Rezeptor	Insulin	unbekannt
Oestrogen-Rezeptor	Ethinyloestradiol	Tamoxifen
Hämoglobin	2,3-Bisphospho-glycerat	

2. Ionen-Kanal	***Blocker***	***Modulator***
spannungsabhängige Natrium-Kanäle	Lokalanästhetika, Tetrodotoxin	Veratridin
renale tubuläre Natrium-Kanäle	Amilorid	Aldosteron
spannungsabhängige Calcium-Kanäle	zweiwertige Kationen, (Cadmium)	Dihydropyridine
spannungsabhängige Kalium-Kanäle	4-Aminopyridin	Cromakalim
ATP-sensitive Kalium-Kanäle	Sulfonylharnstoff-Derivate	ATP
γ-Aminobuttersäure-Rezeptor	Picrotoxin	Benzodiazepine
Glutamat-Rezeptoren	MK801	Glycin
3. Enzym	***Inhibitor***	***falsches Substrat***
Acetylcholinesterase	Physostigmin, Alkylphosphate	
Cholinacetyltransferase		Hemicholinium
Cyclo-Oxygenase	Acetylsalicylsäure	
Xanthin-Oxidase	Allopurinol	
Angiotensin-Converting Enzymes	Captopril	
Carboanhydrase	Sulfonamide	
HMG-CoA-Reduktase	Mevastatin	
DOPA-Decarboxylase		Methyldopa
Monoamino-OxidaseA	Iproniazid	
Dihydrofolat-Dehydrogenase	Trimethoprim, Methotrexat	
DNS-Polymerase	Cytarabin	Cytarabin
Enzyme der Blutgerinnung	Heparin	

4. Transporter	***Inhibitor***	***falsches Substrat***
Cholin-Transporter	Hemicholinium	
Noradrenalin-Aufnahmesystem 1	Trizyklische Anti-depressiva, Cocain	
Noradrenalinaufnahme	Reserpin	Amphetamin
renaler tubulärer Säuren-Transport	Probenecid	Methyldopa
Natrium-2-Chlorid-Kalium-Cotransport	Schleifendiuretika	
Natrium-Kalium-ATPase	Herzglykoside	
Protonen-Pumpe	Omeprazol	
Calcium-Transporter	Lanthan	Strontium
Glucose-Transporter	Phloretin	
Anionen-Transporter	Stilben-Derivate	VO_3^- , AsO_4^{3-}, CrO_4^{2-}
Natrium-Glucose-Transporter	Phlorizin	

Neben den in der Tabelle 9 gezeigten spezifisch wirksamen Substanzen gibt es eine große Gruppe von Chemikalien und toxischen Substanzen, die nur unspezifisch wirksam sind. Charakteristisch ist hierbei, daß sie nicht mit bestimmten Rezeptoren reagieren. Es werden oft sehr hohe Konzentrationen für eine Wirkung benötigt, und die chemische Struktur hat wenig Einfluß auf die Wirkungen. In vielen Fällen ist die Wirkung mit den lipophilen Eigenschaften der Substanzen verbunden. Eine sehr empfindliche Struktur ist die Membranbarriere, die durch lipophile Substanzen zerstört werden kann.

Zellmembranen sind häufig die bevorzugten Reaktionsorte für toxische Substanzen. Folgende Interaktionen sind möglich:

1.) Oft erfolgt eine erste Reaktion toxischer Substanzen mit Enzymen, Rezeptoren und Transportern an der Zelloberfläche.

2.) Zerstörung der Membranbarriere mit Austreten des Zellinhaltes in den Zwischenzellraum.

3.) Blockieren oder Funktionsbeeinträchtigung des Transportmechanismus im Inneren der Zellmembran.

4.) Hemmung der Sekretion oder der Vesikelbildung aus Membranbestandteilen.

5.) Reaktionen von toxischen Substanzen mit Enzymen, Rezeptoren und Transportern an der inneren Membranoberfläche.

Wie auch immer eine toxische Wirkung zustande kommen mag, sie ist stets eine Konsequenz von physikochemischen Wechselwirkungen zwischen der Substanz und den funktionell wichtigen Molekülen des Organismus.

3.2 Bindungskräfte am Rezeptor

Von Paul Ehrlich wurde die Vorstellung entwickelt, eine Substanz müsse sich zuerst mit dem "Rezeptor" verbinden, um eine Wirkung zu verursachen.

Es soll hier von der Vorstellung ausgegangen werden, daß es sich bei dem Rezeptor um eine dreidimensionale Struktur eines Proteins handelt, und daß das Protein wäßrigen Lösungen ausgesetzt ist. An seiner Oberfläche befindet sich eine Substratbindungsstelle, die wir uns als eine Einkerbung oder Spalte vorstellen, deren Form geometrisch komplementär zum Substratmolekül ist. Als Bindungsstellen am Rezeptor kommen unter anderem Seitenketten von Aminosäuren mit funktionellen Gruppen in Frage (-NH_2, -COOH, -SH). Ihre Verteilung an der Oberfläche stellt man sich so angeordnet vor, daß sie mit dem Substratmolekül eine spezifische elektronische Komplementarität bilden können. Damit bilden die geometrische und elektronische Komplementarität eine wesentliche Voraussetzung für die Bindung des Substratmoleküls. Moleküle, die sich in Form und Ladungsverteilung von diesen Substratmolekülen unterscheiden, können nicht mit vergleichsweise guter Affinität am Rezeptor gebunden werden.

Als ein Beispiel hierfür sollen als Rezeptormolekül das Hämoglobin und als Substratmolekül das 2,3-Bisphosphoglycerat (BPG), ein Polyanion, dienen. Hämoglobin besteht aus zwei α- und zwei β-Untereinheiten.

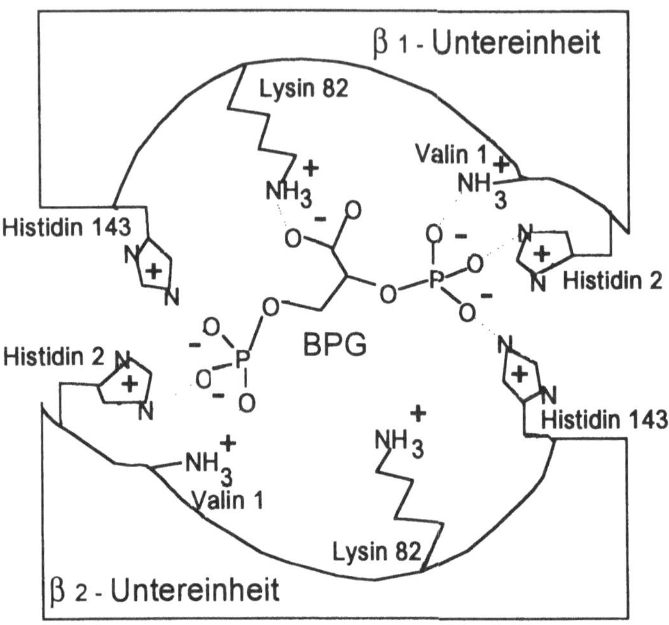

Abbildung 23. Bindung von 2,3-Bisphosphoglycerat (BPG) in der zentralen Tasche des desoxygenierten Hämoglobins zwischen den beiden β-Untereinheiten. Die Zahlen an den Aminosäuren geben die fortlaufende Numerierung der Aminosäuresequenz der β-Untereinheiten des Hämoglobins wieder

Die Abstände zwischen den anionischen Gruppen des BPG und den kationischen Aminosäuren Lysin, Histidin sowie der N-terminalen Aminogruppe des Valins liegen im Bereich von Ionen- und Wasserstoffbrückenbindungen. Durch die BPG-Bindung wird die Sauerstoffaffinität des Hämoglobins herabgesetzt und Sauerstoff an die Zellen abgegeben. Bei der Sauerstoffbeladung in der Lunge wird das BPG wieder freigesetzt, die Raumstruktur des Hämoglobins verändert sich so, daß die Bindung von BPG nicht länger möglich ist.

3.2.1 Ionenbindung und Wasserstoffbrückenbindung

Für die Ionenbindung gelten die Gesetze der klassischen Elektrostatik. Die Coulomb'sche Gleichung beschreibt die Anziehungskraft zwischen zwei entgegengesetzt geladenen Molekülen. Die Bindungskraft in Proteinen zwischen der γ-Carboxylgruppe von Glutamin und der ε-Aminogruppe von Lysin beträgt bei einem Abstand von 0.4 nm etwa -86 kJ/mol. Die Anziehungskraft nimmt mit dem Quadrat des Abstandes zwischen den Molekülen ab. Proteine und Nukleinsäuren besitzen viele potentielle anionische und kationische Ladungsgruppen, die jedoch wegen des physiologischen pH-Wertes nur teilweise ionisiert sind. Daher ist der Stabilitätsbeitrag von Ionenpaaren zur nativen Struktur eines Proteins im allgemeinen gering. Für die Rezeptorbindung ist es jedoch wichtig, daß diese Kräfte im Vergleich zu anderen Bindungskräften über relativ große Entfernungen wirken.

Die Wasserstoffbrückenbindung ist eine Spezialform der Ionenbindung. Es handelt sich hierbei vorwiegend um elektrostatische Wechselwirkungen zwischen einer schwach sauren Donorgruppe und einem Akzeptoratom mit einem einsamen Elektronenpaar. Die Bindungskraft beträgt nur etwa -12 bis -30 kJ/mol, die Entfernung ist 0.27 bis 0.31 nm. Eine große Anzahl dieser Wasserstoffbrückenbindungen sind in den Proteinen räumlich so angeordnet, daß sie auf Grund der Anordnung und Zahl einen ganz wesentlichen Einfluß auf die Quartärstruktur des Moleküls besitzen. Sie liefern somit die strukturelle Voraussetzung für sein natives Faltungsmuster. Ein anderes Beispiel für die Bedeutung von Wasserstoffbrückenbindungen ist die DNS-Doppelhelix, bei der sie zwischen den spezifischen Basenpaaren auftreten. Am Rezeptor tragen sie ebenfalls zur Stabilität des Rezeptor-Substrat-Komplexes bei, wie am Beispiel des BPG-Hämoglobin-Komplexes gezeigt (Abbildung 23).

3.2.2 Van der Waals-Bindungen

Die nichtkovalenten Anziehungskräfte zwischen elektrisch neutralen Molekülen, zusammengefaßt als van der Waals-Kräfte, enstehen aus elektrostatischen Wechselwirkungen zwischen permanenten und induzierten Dipolen. Die Bindungskraft von Carbonylgruppen in Proteinen beträgt z.B.

-9.3 kJ/mol. Als Einzelkraft liegt sie nur etwa im Bereich der thermischen Energie eines Moleküls bei Raumtemperatur. Für Proteine sind jedoch die Wechselwirkungen zwischen permanenten Dipolen wichtige Strukturdeterminanten, die die Proteinfaltung im Inneren signifikant beeinflussen.

Viel schwächer als die Dipol-Dipol-Wechselwirkungen sind die sogenannten London-Dispersionskräfte. Diese spielen nur bei kontaktierenden Gruppen eine Rolle. Aufgrund der großen Anzahl an interatomaren Kontakten sind sie trotzdem bedeutend bei der Festlegung der Proteinkonformation. Die London-Kräfte stellen auch einen großen Teil der Bindungskräfte bei sterisch komplementären Wechselwirkungen, z.B. zwischen Rezeptoren und den spezifisch gebundenen Molekülen.

3.2.3 Komplexität der Rezeptor-Substrat-Wechselwirkungen

Für die Bindung von reaktiven Molekülen am Rezeptor kommen alle Bindungstypen, wie Ionenbindungen, Wasserstoffbrückenbindungen und van der Waals-Kräfte in Betracht. Jede einzelne dieser Bindungskräfte ist in wäßrigen Lösungen nicht ausreichend, um allein einen stabilen Substrat-Rezeptor-Komplex zu bilden. Deshalb müssen mehrere Bindungstypen gleichzeitig den Komplex stabilisieren. Die größte Reichweite hat die Ionenbindung, sie ist für die primäre Attraktion des Substrat-Moleküls entscheidend. Für die sich daran anschließende gegenseitige Anpassung von Substrat und Rezeptor sind vor allem Dipol-Dipol-Wechselwirkungen, Wasserstoffbrückenbindungen und van der Waals-Kräfte verantwortlich.

Die oben besprochenen Wechselwirkungen sind reversible, molekulare Vorgänge, die sich alle zusammen sowohl an Rezeptoren, Kanälen, Enzymen und Transportern ständig abspielen. Sie gehören damit zu den zentralen Prozessen, die das Leben erst möglich machen.

3.2.4 Kovalente Bindung

Außer den reversiblen Reaktionen können sich aber auch kovalente und damit irreversible Prozesse am Rezeptor abspielen, wenn nicht ein katalytischer (enzymatischer) Vorgang die Bindung wieder löst. Daher bewirkt eine kovalente Bindung am Rezeptor im Gegensatz zu den meisten

Rezeptor-Substrat-Wechselwirkungen eine stabile Langzeitbindung. Intra- und intermolekulare kovalente Verknüpfungen der DNS-Stränge werden bei der Tumortherapie mit alkylierenden Agenzien erzeugt. Eine Substanz, der alkylierende Stickstofflost, wurde früher als hochtoxisches Kampfgas eingesetzt. Ein Beispiel aus einem anderen Gebiet sind die Organophosphate wie Diisopropylfluorophosphat (DFP), die mit der Hydroxylgruppe der Aminosäure Serin eine kovalente Bindung eingehen und dabei eine ganze Reihe serinhaltiger Enzyme, darunter auch die Acetylcholinesterasen, blockieren.

3.3 Charakterisierung von Rezeptoren

Die sehr geringe Konzentration von Rezeptoren in Zellen und Geweben machte lange Zeit die Gewinnung reiner Rezeptormoleküle unmöglich. Erst mit der Entwicklung von aufwendigen Isolierungsmethoden sowie insbesondere in der letzten Zeit durch Einsatz molekularbiologischer Verfahren konnten zahlreiche Rezeptoren isoliert und ihre Aminosäuresequenzen aufgeklärt werden (Tabelle 9).

Lassen sich die Proteine kristallisieren, so gelingt es, mit Hilfe von Röntgenbeugungsspektren sogar einen Einblick in die Quartärstruktur der Proteine zu erhalten. Oft liefern die bei der Kristallisation mit eingeschlossenen Substratmoleküle, wie im Falle des desoxygenierten Hämoglobin und BPG (Abbildung 23), strukturelle Vorstellungen über die Rezeptor-Bindungsstellen mit dem entsprechenden Substrat. Es ist jedoch bis heute noch nicht gelungen, tierische lipophile Membranproteine zu kristallisieren, um mit Hilfe von Röntgenbeugungsspektren Vorstellungen über ihre Quartärstruktur zu bekommen.

3.3.1 Indirekte Rezeptor-Charakterisierung (SAR)

Die älteste Methode der Rezeptorcharakterisierung benutzte den negativen Abdruck von Rezeptormolekülen, um eine Vorstellung über den Rezeptor selbst zu bekommen. Anhand von Struktur-Aktivitäts-Wechselwirkungen fand man die optimale Molekülform heraus, deren Komplementärstruktur dem Rezeptor entsprechen sollte. Dieses indirekte Verfahren wird im englischen als "structure-activity relationship" bezeichnet (SAR). Bevor es gelang, reine Rezeptoren zu isolieren, war dies eine pharmakologische Standardmethode.

Ein schönes Beispiel hierfür sind Untersuchungen am intakten Muschelherzen. Dieses Herz schlägt spontan, wenn es in einem Bad mit Seewasser gehalten wird. Die Größe der Kontraktionsamplitude sowie die Frequenz des Herzschlages können leicht registriert werden. Gibt man in das Bad steigende Konzentrationen von Acetylcholin, so kann eine Wirkung anhand der Zunahme der Kontraktionsamplitude gemessen werden. Durch Auswaschen des Herzens mit Seewasser läßt sich Acetylcholin wieder entfernen. Die typische Wirkung einer Reihe mit Acetylcholin verwandter Trimethylammonium-Verbindungen war eine Reduktion der Kontraktionsamplitude des Muschelherzens. Die Testsubstanzen wurden anhand der Dosis-Wirkungskurve (siehe Abbildung 2) durch ihre Halbsättigungs-Konzentration (TD_{50}) standardisiert.

	Struktur	Wirkung
1.)	$CH_3-N^+(CH_3)_2-CH_2-CH_2-O-C(=O)-CH_3$ (Acetylcholin; $CH_3 \leftarrow$ 0.5 nm $\rightarrow O$)	100 %
2.)	$CH_3-N^+(CH_3)_2-CH_2-CH_2-CH_2-O-C(=O)-CH_3$	8.3 %
3.)	$CH_3-N^+(CH_3)_2-CH_2-CH_2-O-CH_2-CH_3$	1.5 %
4.)	$CH_3-C(CH_3)_2-CH_2-CH_2-O-C(=O)-CH_3$ (Dimethylbutylacetat)	0.0 %

Abbildung 24. Struktur-Wirkungsbeziehung am Acetylcholinrezeptor

Die Resultate über die Wechselwirkungen des Rezeptors am Muschelherzen mit verwandten Molekülen führten zu Vorstellungen, die mit einem perfekten negativen Abdruck des drei-dimensionalen Acetylcholin-Moleküls auf der Rezeptorseite übereinstimmten.

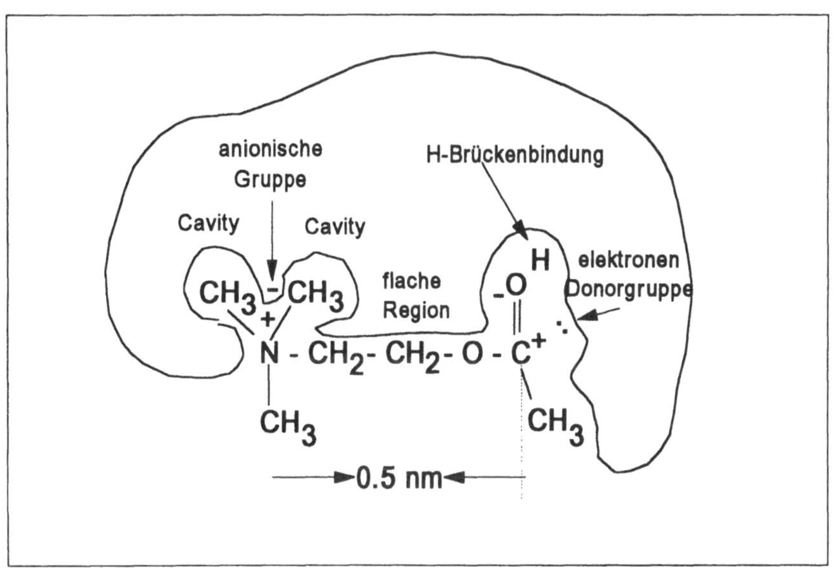

Abbildung 25. Postulierter Acetylcholinrezeptor aus SAR-Studien

Die absolute Notwendigkeit der positiv geladenen Stickstoffgruppe (vgl. Verbindung 4, Abb. 24) des Substratmoleküls ließ auf eine negativ geladene Gruppe am Rezeptor schließen. Die Trimethylammoniumgruppe sollte gegenüber dem Kohlenstoffatom der Kohlenstoffkette frei drehbar sein. Aus den von J. H. Welsh und R. Taub in den Jahren 1950-1951 durchgeführten Untersuchungen ging weiter hervor, daß von den drei Methylgruppen am Stickstoff-Atom zwei nicht durch Ethylgruppen ersetzt werden können. Die beiden Methylgruppen werden demnach durch van der Waals-Kräfte in zwei Cavitäten am Rezeptor fixiert. Es ist weiter sehr wahrscheinlich, daß die beiden Kohlenstoffatome der Kette ebenfalls durch solche Kräfte stabilisiert werden. Für die Carbonyl-Gruppe kommt eine Wasserstoffbrückenbindung mit dem Rezeptor in Frage. Der Ether-Sauerstoff trägt wie die Carbonylgruppe eine negative Teilladung (δ^-) und ist (siehe Verbindung 2, Abb. 24) ebenfalls für die Anheftung wichtig, denn eine Verlängerung des Moleküls um eine CH_2-Gruppe (Verbindung 3, Abb. 24) führt zu einem starken Wirkungsverlust.

Die Wirkung des Acetylcholins beruht in dem obigen Beispiel auf seiner starken Affinität zum muskarinischen Acetylcholin-Rezeptor des Muschelherzens. Das gleiche Molekül kann jedoch auch mit dem etwas anders strukturierten nicotinischen Acetylcholinrezeptor an den Muskelzellen und an den Ganglienzellen reagieren. Die freie Drehbarkeit um seine Kohlenstoffbindungen erlaubt scheinbar dem Acetylcholinmolekül mehrere Konfigurationen einzunehmen, im Gegensatz zu den durch Ringstruktur stabilisierten Muskarin- oder Nicotin-Molekülen.

3.3.2 Direkte Rezeptor-Isolierung

Die reichhaltigsten Quellen für nicotinische Acetylcholinrezeptoren sind die elektrischen Organe des im Süßwasser lebenden Zitteraals (Electrophorus electricus) und der im Meer vorkommenden Rochen (Gattung Torpedo). Diese Fische können mit den elektrischen Organen ihre Beute lähmen oder sogar töten.

Das Organ besteht aus bis zu 5000 Einzelzellen, den sogenannten Elektroplaques. Die Natur hat diese Zellen aus Muskelzellen entwickelt, deren kontraktiler Apparat jedoch bei der Entwicklung zum elektrischen Organ verloren geht. Bei der Erregung entsteht in jeder Zelle eine Potentialdifferenz von ca. 0.13 V und bei 5000 Elektroplaques sind es dann $5000 \cdot 0.13\ V = 650\ V$. Für den Biochemiker ist dieses rezeptorreiche Organ auf das Beste zur Isolierung des nicotinischen Acetylcholinrezeptors geeignet.

Man fand bei der biochemischen Analyse des Acetycholinrezeptors ein glykosyliertes Membranprotein mit einem Molekulargewicht von ca. 270 kD. Das Protein kann in 5 Untereinheiten zerlegt werden, und zwar in zwei α–Einheiten und je eine β-, γ– und δ–Einheit. Aus elektronenmikroskopischen Untersuchungen ergibt sich eine räumliche Vorstellung über die Anordnung des Rezeptors in der Membran. Danach ist das Molekül 14 nm lang und hat einen mittleren Durchmesser von 6.5 nm. Der Rezeptor reicht auf der Außenseite der Lipidmembran etwa 7 nm heraus und auf der anderen Seite 3 nm weit in das Zytoplasma hinein. Seine fünf Untereinheiten bilden bei der Aufsicht auf die Membran einen wassergefüllten Kanal von etwa 2.2 nm Durchmesser, der sich bis hin zur unteren Ebene der Lipidmembran fortsetzt und dann so eng wird, daß man den Kanal in seiner Fortsetzung nicht mehr erkennen kann.

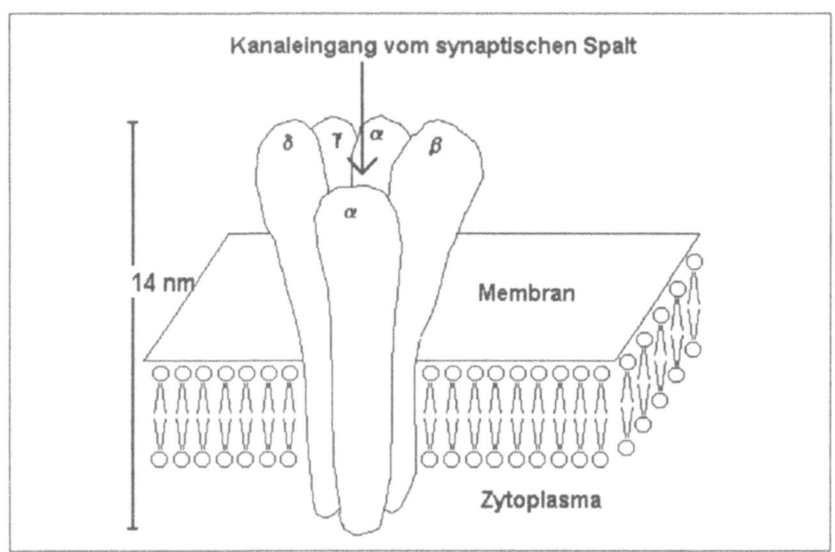

Abbildung 26. Schema des nicotinischen Acetylcholinrezeptors in der Membran

Die beiden α-Untereinheiten des Rezeptors besitzen je eine Bindungsstelle für ein Acetylcholin-Molekül. Kinetische Untersuchungen gehen davon aus, daß erst bei der Besetzung beider α-Einheiten durch Acetylcholin eine kurzzeitige Öffnung des Kanals erfolgt. Dabei fließen wegen der etwa 8-fach größeren Selektivität des Kanals für Natriumionen gegenüber Kaliumionen hauptsächlich Natriumionen entsprechend dem elektrochemischen Gradienten in die Zelle hinein und verursachen eine Depolarisation.

Weitere elektrische Messungen an Einzelkanälen in der Membran mit der Patch-Clamp-Methode (patch, ausgeschnittenes kleines Membranstück; clamp, Spannungsklemme) ergaben, daß bei einer Öffnungszeit von einer Millisekunde (ms) etwa 20000 Kationen den Kanal passieren, und daß nach 1 bis 2 ms das Acetylcholin spontan vom Rezeptor wieder abdissoziiert, der sich dann schließt. Somit ist der nicotinische Acetylcholinrezeptor ein ligandengesteuerter Kationenkanal.

3.3.3 Molekularbiologische Rezeptor-Charakterisierung

Eine Reihe von integralen Membranproteinen wirken als Rezeptoren, indem sie als Kanalproteine oder Transporter funktionieren. Ihre hydrophoben Aminosäuren sind für die Verankerung und Wechselwirkung mit den Membranlipiden wichtig. Dies verhindert jedoch, wegen einer fehlenden Separationstechnik, die chemische Analyse der Aminosäuren.

Grundsätzlich kann die Aminosäuresequenz eines Proteins auch aus dem dazugehörenden Erbgut, dem Gen, entnommen werden, da der genetische Code für die Aminosäuren bekannt ist. Kennt man also die Sequenz der Basen in der DNS des Erbgutes, so läßt sich daraus die Aminosäuresequenz ableiten. Mitte der siebziger Jahre war die Entwicklung der Nukleinsäuresequenzierung noch weit der Aminosäuresequenzierung unterlegen, dies hat sich jedoch durch effektivere Techniken grundlegend geändert. Heute ist die Geschwindigkeit der Nukleinsäuresequenzierung im allgemeinen der direkten Bestimmung der Aminosäuresequenz eines Proteins überlegen. Durch die Nukleinsäuresequenzierung von Genen und Übersetzung der Basensequenz in die Aminosäuresequenz ist die Proteinstruktur einer ganzen Reihe von Membranproteinen, wie z.B. den Anionen-, Glukose- und Aminosäure-Transportern sowie einer ganzen Anzahl von Transport-ATPasen für Natrium, Kalium, Calcium und Protonen, bekannt geworden (siehe auch Tabelle 9). Die genaue Quartärstruktur der Proteine in der Membran, die zum funktionellen Mechanismus führen könnte, ist aber bis heute noch nicht erforscht.

3.4 Wirkstoff-Rezeptor-Wechselwirkungen - Massenwirkungsgesetz

Biologische Wirkungen eines reaktiven Moleküls (Pharmakon oder Toxikon) verlaufen im allgemeinen graduell. Sie können anhand einer fortlaufenden Skala gemessen werden. Es gibt einen deutlichen Zusammenhang zwischen der Größe oder der Intensität der biologischen Reaktion und der verwendeten Wirkstoffkonzentration. Der Zusammenhang zwischen biologischer Wirkung und Wirkstoffkonzentration wurde von Alfred Joseph Clark (1885-1951) im Jahre 1920 durch das Massenwirkungsgesetz beschrieben. Clark deutete die biologische Wirkung als eine reversible chemische Reaktion zwischen einem Rezeptor und einem aktiven Wirkstoff. Die konsequente Anwendung des Massenwirkungsgesetzes zeigte große Ähnlichkeiten mit der Enzymkinetik und führte zu der sogenannten Besetzungstheorie des Rezeptors ("occupancy assumption").

Nach Clark's Vorstellung reagiert ein Wirkstoff X (Pharmakon oder Toxikon) mit einem hypothetischen Rezeptor R und bildet dabei reversibel einen Wirkstoff-Rezeptor-Komplex RX:

$$X + R \underset{k_2}{\overset{k_1}{\rightleftharpoons}} RX \qquad (1)$$

k_1 und k_2 sind dabei die Geschwindigkeitskonstanten der Hin- und Rückreaktion. Die biologische Wirkung Δ soll dabei der Konzentration des Wirkstoff-Rezeptor-Komplexes [RX] direkt proportional sein:

$$\text{Biologische Wirkung } \Delta = k_3 \cdot [RX] \qquad (2)$$

Entsprechend dem Massenwirkungsgesetz kann für das Gleichgewicht formuliert werden:

$$[X]\,[R] / [RX] = k_2/k_1 = K_x \qquad (3)$$

K_x ist die Dissoziationskonstante des Komplexes. Wenn nun R_T die Gesamtkonzentration der Rezeptoren ist, dann ergibt die sogenannte Konservierungsgleichung, in der die Gesamtkonzentration gleich der freien plus der gebundenen Rezeptorkonzentration ist:

$$[R_T] = [R] + [RX], \text{ bzw. } [R] = [R_T] - [RX] \qquad (4)$$

Durch Einsetzen der Gleichung (4) in (3) erhält man:

$\{[X]\,(\,[R_T] - [RX]\,)\} / [RX] = K_x$ und durch Umformen:

$$[RX] / [R_T] = [X] / (K_x + [X]) \quad (5)$$

Entsprechend der Gleichung (2) für die biologische Wirkung $\Delta = k_3 [RX]$ beträgt die maximale biologische Wirkung $\Delta_{max} = k_3 [R_T]$. Damit ist:

$\Delta/\Delta_{max} = [RX] / [R_T]$ und mit Gleichung (5) gilt auch:

$$\Delta = \Delta_{max} [X] / (K_x + [X]) \quad (6)$$

Gleichung (6) ist eine hyperbolische Gleichung, in der $\Delta = 0$ ist, wenn [X] ebenfalls 0 beträgt. Wenn [X] einen sehr hohen Wert annimmt, wird Δ gegen Δ_{max} gehen. Ist die Konzentration [X] gleich K_x, dann erreicht Δ den halbmaximalen Wert. Gleichung (6) ist identisch mit der klassischen Michaelis-Menten-Gleichung, in der die Geschwindigkeit v einer Enzymreaktion eine Funktion der Substratkonzentration [S], der Michaelis-Menten-Konstanten K_M und der Geschwindigkeitskonstanten V_{max} ist:

$$v = V_{max} [S] / (K_M + [S]) \quad (7)$$

Während jedoch bei dem enzymatischen Modell nach Michaelis-Menten mit: $v = k_3 [ES]$ der Zerfall des Enzym-Substrat-Komplexes zum Produkt gemeint ist, impliziert die analoge Gleichung von Clark: $\Delta = k_3 [RX]$ keinen speziellen Mechanismus.

Die Besetzungstheorie von Clark läßt sich in drei Punkte zusammenfassen:

1.) Der biologische Effekt Δ ist proportional zur Rezeptorbesetzung [RX], "occupancy assumption".
2.) Ein Wirkstoffmolekül reagiert mit einem Rezeptormolekül.
3.) Eine vernachlässigbar kleine Konzentration des Wirkstoffs [X] ist am Rezeptor R gebunden, so daß die freie, ungebundene Wirkstoffkonzentration [X] praktisch gleich der Gesamtwirkstoffkonzentration $[X_T]$ ist.

Die hyperbolische Gleichung (6) ist charakterisiert durch zwei Parameter: erstens durch die maximale Wirkungsstärke Δ_{max} und zweitens durch K_x, die Konzentration, bei der die halbmaximale Wirkung erreicht wird.

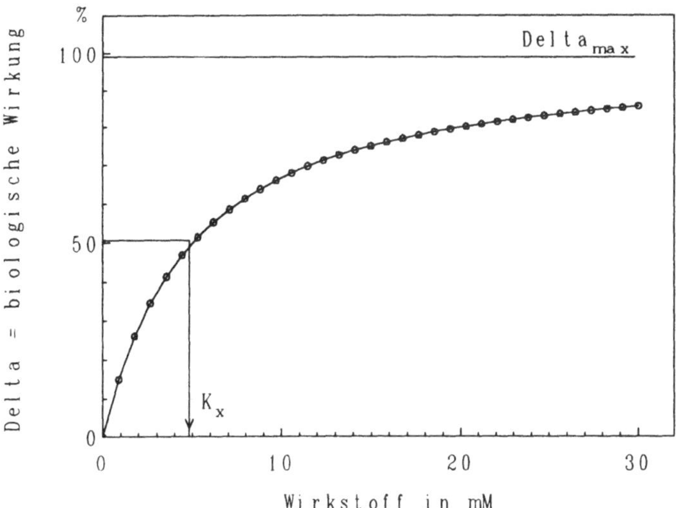

Abbildung 27. Abhängigkeit der biologischen Wirkung Δ von der Wirkstoffkonzentration [X]

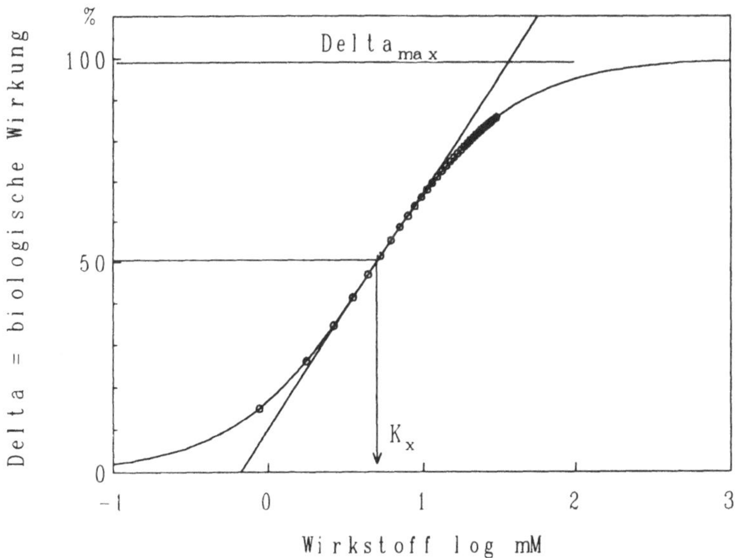

Abbildung 28 zeigt anstelle der linearen Auftragung der Wirkstoffkonzentration [X] eine logarithmische Skala. In beiden Abbildungen sind durch die eingetragenen Kreise dieselben Konzentrationen markiert

Die halblogarithmische Auftragung hat, wie schon bei der Darstellung der Dosis-Wirkungs-Beziehung (Abb. 2, Seite 18) gezeigt, verschiedene praktische Vorteile. Zum einen resultiert im Bereich der Halbsättigungskonzentration ein quasi-linearer Bereich, zweitens können auf diese Weise Wirkstoffe mit unterschiedlichen Konzentrations-Wirkungs-Profilen über einen weiten Bereich verglichen werden.

Diese Form der Darstellung wird auch als logarithmische Dosis-Wirkungs-Kurve bezeichnet, im Englischen entsprechend als "log dose-response curve" (LDR-Kurve). Der quasi-lineare Bereich um K_x ist in der Abbildung 28 durch die Regressionsgrade deutlich gemacht.

Die Konstante K_x, bei der die halbmaximale biologische Wirkung erreicht ist, ist uns in der Abbildung 2 als TD_{50} (Konzentration, bei der sich an 50% der Lebewesen eine toxische Wirkung zeigt) und als LD_{50} (Konzentration, bei der 50 % der Lebewesen sterben) begegnet. Vom Prinzip her sind es also die gleichen Größen. Man kann noch der Vollständigkeit halber aus der Pharmakologie den Begriff ED_{50} (effektive Dosis) hinzufügen, das ist die Konzentration, durch die bei 50 % der Patienten eine medikamentöse Wirkung eintritt.

Im folgenden soll die Analogie der LDR-Kurve mit der Henderson-Hasselbalch'schen Gleichung gezeigt werden, welche die Beziehung zwischen pH und der Dissoziation einer Substanz beschreibt. Dazu bedienen wir uns der Gleichung (5):

$$[RX] / [R_T] = [X] / (K_x + [X]) \quad \text{und} \quad \Delta/\Delta_{max} = [RX] / [R_T]$$

Beide Gleichungen geben auf jeder Seite die Fraktion f wieder, die eine biologische Wirkung verursacht. Ist z.B. die biologische Wirkung Δ gleich der maximalen Wirkung Δ_{max}, so ist $f = 1$, der Wert von f kann also nur zwischen 0 und 1 liegen. Somit ist:

$$f = \Delta/\Delta_{max} = [RX] / [R_T] \quad \text{und} \quad f = [X] / (K_x + [X]) \qquad (8)$$

Von der reziproken Form der letzten Gleichung ausgehend, erhält man:

$$[X] = K_x (f / [1 - f]), \qquad (9)$$

und durch beiderseitiges Logarithmieren folgt:

$$\log [X] = \log K_x + \log (f / [1 - f]) \qquad (10)$$

Mit der letzten Gleichung (10) ist die umgeformte LDR-Kurve in vollständiger Analogie zur Henderson-Hasselbalch'schen Gleichung (11) mit:

$$\log [H^+] = \log K'_a + \log [\text{Säure/Base}] \qquad (11)$$

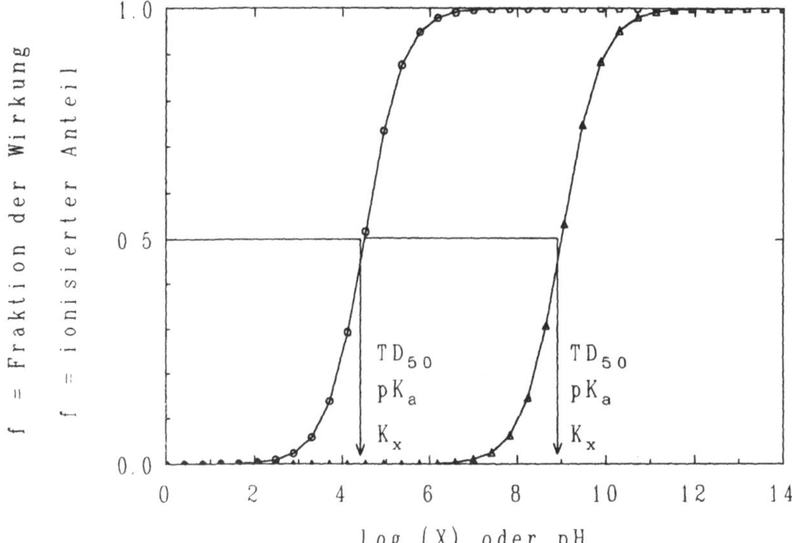

Abbildung 29 zeigt zwei LDR-Kurven (log dose-response) für Wirkstoffe mit verschiedenen K_x-Werten oder die Dissoziation von zwei schwachen Säuren mit unterschiedlichen pK_a-Werten (Konzentration X = pM)

Durch Differenzieren der Gleichung (10) kann die Neigung der sigmoiden Kurve an ihrem Wendepunkt f = 0.5 verhältnismäßig leicht bestimmt werden mit:

$$d \ln [X] = d \ln (f / [1 - f]) = df / f(1 - f) \quad \text{und} \qquad (12)$$

$$df / d \log [X] = 2.303 f [1 - f] \qquad (13)$$

und für $f = 0.5$ am Wendepunkt:

$$df / d \log [X] = 0.576 \qquad (14)$$

In der Rezeptor-Besetzungs-Theorie von Clark wurde angenommen, daß stets ein Wirkstoffmolekül mit einem Rezeptor reagiert. Eine sehr große Anzahl von LDR-Kurven bestätigen mit einer Neigung von 0.576 am Mittelpunkt diese Theorie.

In der Chemotherapie der Tumoren werden manchmal alkylierende Substanzen verwendet, die bifunktionell intra- und intermolekulare Verknüpfungen von DNS-Strängen bewirken können. Ein solches bifunktionelles Agens ist z.B. Busulfan $\{H_3C\text{-}SO_2\text{-}O\text{-}(CH_2)_4\text{-}O\text{-}SO_2\text{-}CH_3\}$, das man sich aus zwei Ethylmethansulfonaten zusammengesetzt vorstellt. Hier reagiert also ein Wirkstoff (X) mit zwei Rezeptoren R:

$$X + 2R = XR_2. \qquad (15)$$

Theoretische Überlegungen führen bei dieser Reaktion zu einer Neigung von 0.288 am Wendepunkt und bei einer Reaktion von 2 Molekülen mit einem Rezeptor ($2X + R = X_2R$) zu einer Neigung von 1.15. Somit sind experimentell bestimmte Neigungen zwischen 0.228 und 1.15 am Wendepunkt der LDR-Kurve durchaus mit dem Massenwirkungsgesetz und damit auch mit der Rezeptor-Besetzungs-Theorie vereinbar.

3.4.1 LDR-Kurven-Diskussion, allgemeine Begriffe

Die Abhängigkeit einer biologischen Wirkung von der Konzentration [X] einer Substanz ist im allgemeinen für jede Substanz eine charakteristische Funktion. Aus einer LDR-Kurve, welche die Wirkintensität auf ein biologisches System beschreibt, können stets drei charakteristische Größen entnommen werden:

1.) Die A f f i n i t ä t der Substanz X zum Rezeptor, die durch den reziproken Wert von K_x, also $1/K_x$, wiedergegeben wird. Ist der K_x-Wert klein, so ergibt sich eine hohe Affinität, bei einem großen K_x-Wert ist die Affinität zum Rezeptor niedrig.

2.) Die Größe des Maximaleffektes (Δ_{max}). Ein anderer hierfür verwendeter Ausdruck ist die intrinsische Aktivität (Wirkaktivität).

3.) Die Steilheit der LDR-Kurve. Wie vorhergehend gezeigt, ist die Steilheit der LDR-Kurve eine Funktion der Stöchiometrie zwischen Substanz X und Rezeptor R.

Die Beurteilung einer LDR-Kurve wird jedoch durch einige grundsätzliche quantitative Aspekte erschwert. Geht man von dem gesamten Organismus aus, so ist die tatsächlich vorhandene Konzentration der Substanz [X] am Rezeptor nicht genau bestimmbar. In Untersuchungen am intakten Lebewesen ist meist nur der Blutraum für eine Konzentrationsbestimmung zugänglich, und man nimmt stillschweigend an, daß dieselbe Konzentration auch am Rezeptor vorliegt.

In der Besetzungstheorie von Clark wurde unter 3.) eine Voraussetzung für die Anwendbarkeit gemacht, die eigentlich nur für einen Spezialfall gilt, und zwar:

"Nur eine vernachlässigbar kleine Konzentration des Wirkstoffes [X] ist an den Rezeptor R gebunden, so daß die freie Wirkstoffkonzentration [X] praktisch gleich der Gesamtwirkstoffkonzentration [X_T] ist."

Die erste Komplikation ergibt sich aus der Situation, daß die Konzentration der Rezeptoren mitunter beträchtlich sein kann, so daß [X_T] nicht mit der freien, ungebundenen Konzentration [X] gleichzusetzen ist. Die zweite Komplikation beruht auf der Tatsache, daß in einem Organismus ein ganz wesentlicher Anteil der Substanz [X] an Bindungsstellen gebunden ist und die freie Wirkstoffkonzentration oft nur einen Bruchteil der Gesamtkonzentration ausmacht.

Die Komplikation einer Bindung von X kann mit in die allgemeine Gleichung aufgenommen werden und verändert ganz wesentlich die sigmoide Form der LDR-Kurve. Benutzt man die Gleichung (9)

$$[X] = K_x (f / [1 - f]) \qquad (9)$$

als Ausgangsgleichung und substituiert für $[X] = [X_T] - [RX]$ (X_T ist die Gesamtkonzentration an X) und setzt für $[RX] = f\,[R_T]$, so erhält man:

$$[X_T] \quad = \quad K_x \{f / [1 - f]\} \quad + \quad f\,[R_T] \qquad (16)$$

(gesamtes X = freies X + gebundenes X)

Gleichung (16) ist eine allgemeine Gleichung der Besetzungstheorie für Anteile an freier und gebundener Konzentration [X]:

Wenn die Größe $f\,[R_T]$, die den gebundenen Anteil darstellt, sehr viel kleiner als die freie Konzentration [X] ist, so gilt Gleichung (9). Ist $f\,[R_T]$ sehr groß, so kann in der Gleichung (16) eventuell das freie X vernachlässigt werden ($K_x \{f / [1 - f]\}$).

Nach der Besetzung des Rezeptors gibt es in der Regel weitere Folgereaktionen, die das einfache Modell komplexer gestalten. Bei dem beschriebenen Beispiel des Acetylcholin-Rezeptors erfolgt zunächst nach Besetzung des Rezeptors eine im Millisekundenbereich erfolgende Permeabilitätsänderung für Kationen, insbesonders für Natrium-Ionen, an die sich eine Membrandepolarisation anschließt. Diese führt wiederum zu einer Zunahme der Calciumkonzentration im Zytoplasma der Muskelzelle und löst nach Aktivierung des kontraktilen Muskelproteinapparates eine Verkürzung des Muskels aus. Aus alldem ergibt sich, daß die Wirkungskurve eine Resultante aller dieser Einzelprozesse ist und daß sie keine quantitativen Rückschlüsse auf die Ebene der molekularen Substrat-Rezeptor-Wechselwirkungen zuläßt. Sie ist damit vielmehr eine Form der Darstellung des Gesamtvorganges.

3.4.2 Agonisten

Als Agonist wird eine Substanz bezeichnet, die sowohl eine Affinität ($1/K_x$) als auch eine intrinsische Aktivität (Δ_{max}) besitzt. Unter den Agonisten unterscheidet man noch zwischen vollen und partiellen Agonisten. Partielle Agonisten wirken dualistisch, sie besitzen sowohl agonistischen als auch antagonistischen Charakter. Ein partieller Agonist schwächt die Wirkung eines vollen Agonisten auf Grund seiner ebenfalls vorhandenen partiellen antagonistischen Eigenschaft ab. Dagegen wirkt ein partieller Agonist bei Abwesenheit eines vollen Agonisten nur agonistisch.

3.4.3 Antagonisten

Antagonisten sind Substanzen, die eine agonistische Wirkung aufheben oder zumindest verringern können. Folgende Haupt-Typen können dabei unterschieden werden:

3.4.3.1 Kompetitive Antagonisten

Diese Substanzen besitzen wie die Agonisten eine oft hohe Affinität zum Rezeptor, ohne jedoch eine Wirkung auszulösen. Das nebenstehende Modell gibt das Reaktionsschema wieder:

$$X + R \underset{k_2}{\overset{k_1}{\rightleftarrows}} RX \xrightarrow{k_3} \text{Wirkung}$$

$$+$$

$$I \underset{K_i}{\rightleftarrows} RI + X \longrightarrow \text{keine Wirkung}$$

Hierbei wird angenommen, daß der kompetitive Antagonist oder Inhibitor I an den Rezeptor bindet, wobei das folgende, sich schnell einstellende Gleichgewicht vorliegt: $K_i = [R]\ [I]\ /\ [RI]$. Der Rezeptor-Inhibitor-Komplex RI bewirkt keine Folgereaktion. Die Gleichung, die diese Reaktion mit einbezieht, ist ähnlich der Gleichung (6) mit der Erweiterung des Parameters K_x mit dem Faktor $(1 + [I] / K_i)$:

$$\Delta = \Delta_{max}\ [X]\ /\ \{K_x(1 + [I] / K_i) + [X]\ \} \qquad (17)$$

Dabei ist [I] die Inhibitorkonzentration und K_i die Dissoziationskonstante des Inhibitor-Komplexes. Das nachfolgende Beispiel gibt eine graphische

Darstellung solcher LDR-Kurven. Dabei wurden für K_x und K_i der gleiche Wert von 5 mM gewählt, die Inhibitorkonzentration betrug 0, 5 und 15 mM und Δ_{max} = 100 Reaktionseinheiten pro Minute.

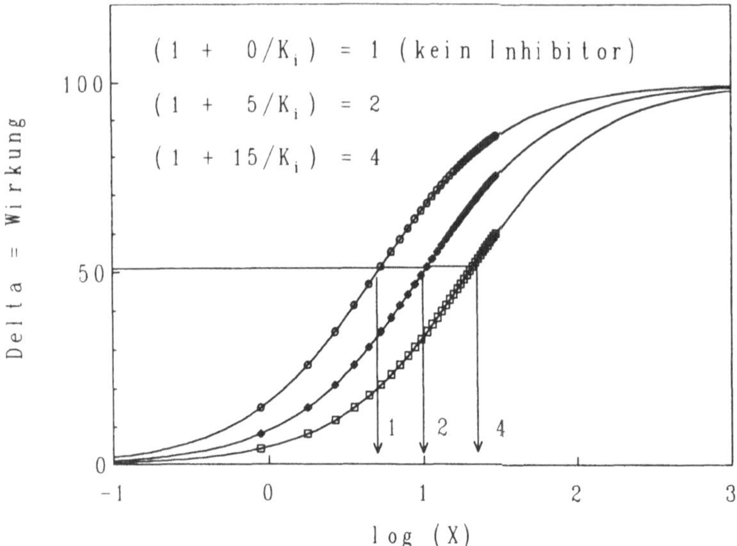

Abbildung 30 zeigt, daß bei gleichzeitiger Anwesenheit eines Agonisten und eines kompetitiven Antagonisten die LDR-Kurve parallel nach rechts verschoben wird. Der Grad der Parallelverschiebung der agonistischen LDR-Kurve ist ein Maß für die Affinität des Antagonisten zum Rezeptor. Substanzen mit einer hohen Affinität verursachen eine starke Parallelverschiebung, solche mit einer geringen Affinität sind deutlich schwächer wirksam

Ein Beispiel für einen kompetitiven Antagonisten ist das Pfeilgift Curare, das den nicotinischen Acetylcholinrezeptor am Muskel besetzt, Acetylcholin durch seine hohe Affinität verdrängt und auf diese Weise die Folgereaktionen bis hin zur Muskelkontraktion unterbindet.

3.4.3.2 Nichtkompetitive Antagonisten

Im Gegensatz zum kompetitiven Antagonismus werden unter dem Begriff des nichtkompetitiven Antagonisten recht unterschiedliche antagonistische Wirkungsmechanismen zusammengefaßt. Eine einfache Gleichung für die nichtkompetitive Hemmung ist folgende:

$$\Delta = \Delta_{max} [X] / (K_x(1 + [I] / K_i) + [X] (1 + [I] / K_i)) \quad (18)$$

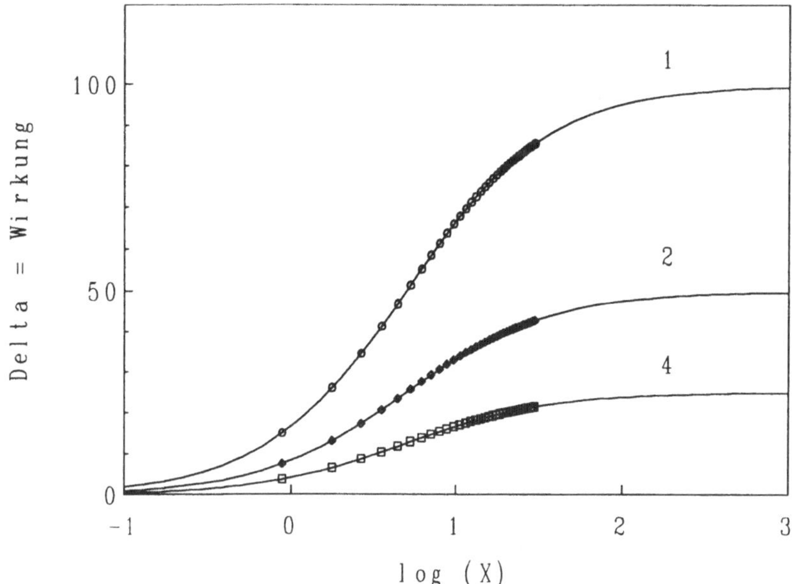

Abbildung 31 zeigt eine nichtkompetitive Hemmung in der LDR-Darstellung. Die Zahlen 1, 2 und 4 in der Abbildung (Werte wie in Abbildung 30) geben den Zahlenwert des Faktors (1 + [I] / K_i) der Gleichung (18) wieder. Dabei bedeutet der Faktor 1 keine Hemmung. Bei Anwesenheit des nichtkompetitiven Antagonisten wird die LDR-Kurve abgeflacht, d.h. die Neigung der Kurve nimmt in Abhängigkeit von der Konzentration des Antagonisten ab, und die Maximalwirkung verringert sich

Eine Möglichkeit der Hemmwirkung beim nichtkompetitiven Typ ist die Bindung am Rezeptor selbst, jedoch nicht an der Agonisten-Bindungsstelle. Durch diese Bindung verhindert der Antagonist z.B. eine Konformationsänderung des Rezeptormoleküls, die für die Bindung oder für Folgereaktionen notwendig ist.

Neben den nichtkompetitiven Antagonisten kennt man auch solche, die sowohl kompetitiv als auch nichtkompetitiv wirken können. In niedriger Konzentration können sie z.B. als kompetitiver Antagonist wirksam sein, während sie in hoher Konzentration eine nichtkompetitive unspezifische Hemmung ausüben. Auf die LDR-Kurve projiziert sich ihre Wirkung bei niedriger Konzentration in einer parallelen Rechtsverschiebung, bei hoher Konzentration wird mit einer Verminderung der Kurvenneigung der Maximaleffekt vermindert.

Tabelle 10 gibt einen Überblick über mögliche Effekte von Inhibitoren auf die Parameter der Michaelis-Menten-Gleichung. Dabei bedeuten:

K_i = [E][I] / [EI] und K'_i = [ES] [I] /[ESI]; [E] ist die Enzymkonzentration, [I] die Inhibitorkonzentration, [EI] der Enzym-Inhibitor-Komplex, [ES] der Enzym-Substrat-Komplex und [ESI] der Enzym-Substrat-Inhibitor-Komplex. (1 + [I] / K_i) wird als α und (1 + [I] / K'_i) wird als α' bezeichnet. Diese können ohne weiteres auf Wirkstoff-Rezeptor-Wechselwirkungen übertragen werden, wenn (E = R, S = X) gesetzt wird:

Art der Hemmung	Faktor für apparente V_{max}	Faktor für apparentes K_M
keine	1	1
kompetitiv	1	α
nicht-kompetitiv	$1/\alpha'$	α/α'
unkompetitiv	$1/\alpha'$	$1/\alpha'$

Tabelle 10. Charakterisierung von Hemmtypen bei enzymatischen Reaktionen. Die aus Experimenten gewonnene V_{max}- und K_M-Werte werden als apparente (scheinbare) Parameter bezeichnet

3.4.3.3 Funktionelle und physiologische Antagonisten

Ein funktioneller Antagonist ist eigentlich ein Agonist, der eine Wirkung in der entgegengesetzten Richtung am gleichen Organsystem auslöst.

Ein Beispiel ist die Regulation der Weitstellung der Bronchien in der Lunge durch glatte Muskelzellen. Sie wird durch verschiedene Rezeptorsysteme beeinflußt. Acetylcholin bewirkt an den parasympathomimetischen Rezeptoren der glatten Muskeln eine Verengung der Bronchien, und Adrenalin verursacht über β_2-Rezeptoren des sympathischen Nervensystems das Gegenteil, es stellt die Bronchien weiter.

3.4.3.4 Chemische Antagonisten

Diese Substanzen reagieren mit potentiellen Wirkstoffen und verhindern auf diese Art und Weise, daß eine Rezeptorwirkung ausgelöst werden kann. Es handelt sich hierbei um eine indirekte Hemmwirkung. Dieser Gruppe gehören z.B. die Chelatbildner an, die z.B. toxisch wirksame Schwermetalle mit hoher Affinität zu binden vermögen. Chelatbildner werden effektiv bei Vergiftungen mit Blei oder Quecksilber eingesetzt. Sie haben eine hohe Bindungskonstante für toxische Schwermetalle. Dadurch werden die im Blut zirkulierenden Schwermetalle abgefangen und inaktiviert. Außerdem lösen die Chelatbildner Schwermetalle aus ihren Speicherplätzen und bewirken ihre schnelle, effektive Ausscheidung mit Harn, Galle und Kot.

3.4.3.5 Allosterische Effekte

Verbindungen, die mit dem Substrat nicht strukturverwandt sind, können an einer anderen Effektorbindungsstelle (allosterisch, griechisch andere Stelle) angreifen und eine Konformationsänderung auslösen und somit die Affinität verändern. Fast immer bestehen die Rezeptoren, die der allosterischen Aktivierung und Hemmung unterliegen, aus mehreren Untereinheiten. Die Effektoren reagieren also hierbei nicht mit dem eigentlichen Zentrum des Rezeptors, sondern sie werden oft an einer anderen Untereinheit angelagert und beeinflussen die Rezeptor-Affinität durch eine Veränderung der Raumstruktur. Viele Membranrezeptoren werden allosterisch beeinflußt. Allosterische Effektoren können sowohl Aktivatoren als auch Inhibitoren sein. Ein allosterischer Aktivator verschiebt die gesamte Dosis-Wirkungskurve zu niedrigeren Substratkonzentrationen, ein allosterischer Hemmstoff hat den entgegengesetzten Effekt. Dabei wird die hyperbolische Form der Kurve in eine sigmoidale verwandelt.

Ein Beispiel für eine komplizierte allosterische Regulation bietet das Hämoglobinmolekül. Obwohl es keine chemische Reaktion katalysiert, bindet es Liganden wie Enzyme. Die Bindung von O_2 erfolgt positiv kooperativ an zweiwertige Eisenatome homotrop (homo-, griechisch gleich). Im Gegensatz dazu bindet Bisphosphoglycerat (BPG) an andere Stellen (Abb. 23). Die Bindung von BPG bewirkt negativ heterotrop (hetero-, griechisch andersgestaltet) eine Verminderung der O_2-Affinität.

3.5 Ausgewählte Beispiele toxischer Mechanismen

Im Jahre 1937 schrieb A. J. Clark im Handbuch der Experimentellen Pharmakologie in seiner Einleitung zur Allgemeinen Pharmakologie: "Die Entwicklung der Organischen Chemie hat insofern wichtige Konsequenzen, als bis heute die Anzahl der chemischen Verbindungen mit möglichen pharmakologischen Wirkungen praktisch unbegrenzt geworden ist. Diese Entwicklung hat auf der einen Seite neue Aspekte für die Therapie von Erkrankungen eröffnet, aber auch auf der anderen Seite unbekannte, unangenehme toxische Wirkungen mit sich gebracht, da alle diese neuen Verbindungen in die Industrie und die Haushalte eingeführt worden sind. Daher sind genaue Kenntnisse über die Möglichkeiten kumulativer Vergiftungen und abartiger medikamentöser Wirkungen von zunehmender Bedeutung".

Diese von Clark vorausgesehene Zwiespältigkeit dokumentiert ein viel zitiertes Beispiel besonders gut. Die Entdeckung von Paul Hermann Müller, daß DDT eine insektizide Wirksamkeit besitzt, wurde 1948 zu Recht mit dem Nobelpreis belohnt. Dies belegt auch eine Mitteilung der WHO (World Health Organization) vom August 1969. Danach sind in den Malaria-Gebieten der Welt, in denen insgesamt 550 Millionen Menschen leben, ungefähr 5 Millionen vor dem Tode bewahrt und allein innerhalb der ersten 8 Jahre nach der DDT-Anwendung 100 Millionen Erkrankungen verhütet worden. Die andere Seite ist die kumulative Vergiftung mit DDT. Sie wurde bereits im Absatz Biotransformation erläutert.

Clark schreibt weiter: "Die Einsicht in die Wirkungsweise von Substanzen auf die Zellen hängt allein von unserem Wissen über die physikalische Chemie der Zelle ab". Ein wesentlicher Begründer dieser Disziplin war Rudolf Höber. Eine erste Auflage seines Buches über die Physikalische Chemie der Zellen und Gewebe erschien bereits 1902. Die komplexe Einsicht in die Zellfunktionen, die wir heute besitzen, verdanken wir so genialen Vordenkern wie Ehrlich, Langley, Höber, Michaelis, Clark und vielen anderen.

In diesem Kapitel soll nicht versucht werden, einen Überblick über eine Vielzahl von toxischen Substanzen zu vermitteln, es sollen vielmehr einige Beispiele toxischer Mechanismen aufgezeigt werden.

3.5.1 Unspezifische toxische Wirkungen, Zerstörungen von Zellen und Geweben

Gewebs- und Zellschädigungen durch Einwirkungen von chemischen Noxen (noxa, Schaden) sind sehr häufig.

Bei den Säuren stehen Vergiftungen mit Eisessig, Salzsäure, Schwefelsäure und Salpetersäure im Vordergrund. Auf der Haut bewirken konzentrierte Säuren eine Zell- und Gewebszerstörung (Nekrosen), Narben und Keloidbildung (keloid, griechisch Krebsschere, bindegewebige Narbengeschwulst). Wegen der proteinkoagulierenden Wirkung der Säuren bildet sich meist ein Schorf (Ätzschorf) an der Oberfläche, der das Eindringen in tiefere, darunterliegende Gewebe vereitelt.

Im Gegensatz zu den oben genannten Säuren diffundiert Fluorwasserstoff in seiner undissoziierten Form sehr schnell in tiefer gelegene Hautschichten und bewirkt sehr schwere, äußerst schmerzhafte Entzündungen. Die Verätzungen sind oft tagelang auf der Haut unsichtbar und rufen trotzdem sehr starke Schmerzen hervor. Der Verletzte muß sofort zum Arzt und diesem genau die verletzte Hautstelle zeigen, damit eine spezifische Therapie eingeleitet werden kann.

Laugenvergiftungen sind viel gefährlicher als Säurevergiftungen, da das Gewebe verflüssigt wird und keine feste koagulierte Proteinschicht entsteht. Die Laugen dringen immer tiefer in das Gewebe ein, da sie von der Gewebsflüssigkeit kaum neutralisiert werden. Neben der sehr gefährlichen Natronlauge und Kalilauge kann auch Ammoniumhydroxid schwere Schäden verursachen. Hautschädigungen können durch sofortiges Abspülen mit reichlich Wasser gewöhnlich vermieden werden.

Die Wirkung von Säuren und Laugen ist von komplexer Natur. Bei den Säuren wurde die protektive proteinkoagulierende Eigenschaft in den Vordergrund gestellt. Der Name "Protein" wurde von dem Chemiker Jöns Jacob Berzelius geprägt und ist abgeleitet vom griechischen proteuo, "ich nehme den ersten Platz ein". Der Inhalt einer Zelle kann als eine konzentrierte Lösung von Proteinen (etwa 30 %), die meisten sind Enzyme, angesehen werden. Diese Proteine besitzen eine stabile, hochspezifische dreidimensionale Struktur, sie tragen aufgrund ihrer

Aminosäurezusammensetzung zahlreiche ionisierbare Gruppen mit unterschiedlichen pK-Werten. Entscheidend bei der Ausbildung der dreidimensionalen Struktur sind die Seitenketten der Aminosäuren mit ihren ionisierbaren Gruppen; sie treten sowohl mit Wasser als auch über Wasserstoffbrücken mit dem Protein in Wechselwirkung. Daneben bestehen zusätzlich heteropolare und apolare Bindungen innerhalb des Proteins, die die sogenannte Quartärstruktur stabilisieren. Es gibt für jedes Protein einen charakteristischen pH-Wert, bei dem sich die positiven und die negativen Ladungen des Moleküls ausgleichen. Diesen pH-Wert bezeichnet man als den isoelektrischen Punkt pI. Proteine unterscheiden sich in ihrer Aminosäurezusammensetzung und deshalb in ihren pI-Werten. Die meisten Proteine besitzen einen pI-Wert im sauren pH-Bereich und neigen an ihrem isoelektischen Punkt zum Ausfallen und zur Koagulation. Die Schutzschicht, die sich bei der Säureeinwirkung auf die Haut ausbildet und ein Eindringen in tiefere Hautschichten verhindert, ist zu einem großen Teil auf diesen komplizierten physikalisch-chemischen Vorgang zurückzuführen.

3.5.2 Toxische Einflüsse auf die Blutgerinnung

Anstelle einer unspezifischen Koagulation von Proteinen benutzt der Organismus einen hochspezifischen Apparat, um den Blutkreislauf bei einer Verletzung der Gefäße sicher zu verschließen. Der eigentliche Träger der Blutgerinnung ist ein spezialisiertes Protein, das fadenförmige Fibrinmolekül mit einer imponierenden Länge von 45 nm. Der Hauptvorgang der Gerinnung beruht darauf, daß die Vorstufe des Fibrins, das lösliche Fibrinogen mit einem Molekulargewicht von 340 kD, in das unlösliche Fibrin überführt wird. Das Fibrinogen macht 2 bis 3 % der Plasmaproteine aus und besteht aus drei Paaren nicht genau gleicher, aber homologer Peptidketten. Das erste Paar wird als $(A\alpha)_2$ bezeichnet, das zweite als $(B\beta)_2$ und das dritte als $(\gamma)_2$. Die Buchstaben A und B bezeichnen die kleinen Fibrinopeptide mit nur 14 und 16 Aminosäuren, die bei der Aktivierung zum Fibrin-Monomer durch das peptidspaltende Enzym Thrombin abgespalten werden, nach der Reaktion:

$$(A\alpha)_2(B\beta)_2(\gamma)_2 \xrightarrow{\text{Arginin-Glycin-Spaltung}} \alpha_2\beta_2\gamma_2 + 2A + 2B$$

Durch die Abspaltung der Fibrinopeptide A und B ändern sich die physikalisch-chemischen Eigenschaften der Fibrin-Monomere, die sich jetzt spontan überlappend zu langen Fäden aneinanderlegen und aus der Lösung ausfallen.

Die Antwort auf die Frage, warum das Fibrinogen im Plasma gelöst bleibt und warum die Fibrin-Monomere aggregieren, die immerhin 96 % des Fibrinogens ausmachen, liegt in dem Ladungsmuster der Proteine begründet. Die abgespaltenen Fibrinopeptide A und B besitzen durch ihre negativ geladenen Aminosäuren Asparaginsäure, Glutaminsäure und eine ungewöhnlich stark negativ geladene Aminosäure, Tyrosin-O-Sulfat, eine hohe negative Ladung. Sie sind so stark negativ geladen, daß die Ladung des mittleren Bereichs des Fibrinogens, dort wo die Fibrinopeptide liegen, - 8 beträgt. Nach ihrer Abspaltung resultiert an dieser Stelle im Fibrin die Ladung + 5. Die Endabschnitte des Fibrinogens und des Fibrins behalten dagegen mit - 4 ihre negative Ladung bei. Während dies beim Fibrinogen zur Abstoßung zwischen gleichgeladenen Abschnitten und zur Löslichkeit beiträgt, fördert diese Ladung beim Fibrin dagegen die Anziehung zwischen den mittleren positiven und endständigen negativen Abschnitten und trägt somit zur Aggregation bei.

Das frisch gebildete Fibrin ist instabil, da die einzelnen Faktoren noch nicht kovalent miteinander verbunden sind. Erst durch den Blutgerinnungsfaktor XIII, eine Transamidase, wird das Fibrin kovalent längs- und quervernetzt.

Schließlich ziehen sich in der letzten Phase die stabilisierten Fibrinfäden mit Hilfe einer ATPase, die aus den Blutplättchen stammt, zusammen und verschließen durch die Retraktion des Fibringerüstes die Wundränder. Fibrin ist der "Klebstoff" für verletzte Gefäße.

Der Mechanismus der Gerinnung läuft über vielstufige Reaktionskaskaden ab, die eine enorme Verstärkung der auslösenden Signale zulassen. Fibrin als Faktor I ist darin das letzte Glied einer Kette, wobei ein Zuviel an Gerinnsel am falschen Ort der wichtigste Auslöser von Schlaganfall und Herzinfarkt ist und ein Zuwenig zu unstillbaren Blutungen führt. Es ist darum nicht weiter verwunderlich, daß diese Feinregulation Angriffspunkt für eine Reihe von toxischen Substanzen ist.

Im Jahre 1922 wurde von einem Kuhsterben in Nordamerika berichtet, das durch eine innere Verblutung der Tiere verursacht worden war. Schließlich konnte man die Ursache hierfür finden. Aus faulendem Süßklee ließ sich nämlich Dicumarol, ein Abbauprodukt von Cumarin, isolieren. Stoffe des Cumarin-Typs, so fand man weiter heraus, verdrängen aufgrund ihrer Strukturähnlichkeit das Vitamin K, das für die vollständige Synthese der in der Leber gebildeten Blutgerinnungsfaktoren II, VII, IX und X verantwortlich ist.

Vitamin K ist an der Synthese einer speziellen Aminosäure, die für das Anbinden der oben genannten Gerinnungsfaktoren an Phospholipid-Membranen und für die dort erfolgende Aktivierung notwendig ist, beteiligt. Die Vitamin K-abhängige enzymatische Carboxylierungsreaktion verwandelt Glutaminsäure in γ-Carboxyglutaminsäure, einen Calcium-Chelator, der über Calcium das Andocken an negativ geladene Phospholipide ermöglicht.

$$^{-}OOC\text{-}\underset{}{\overset{NH_3^+}{\overset{|}{C}}}H\text{-}CH_2\text{-}CH\left\langle\begin{array}{l}COO^-\\COO^-\end{array}\right. \qquad \gamma\text{-Carboxyglutaminsäure}$$

Die funktionelle Bedeutung des Phospholipid-Protein-Calcium-Komplexes liegt darin, daß die einzelnen Reaktionspartner, z.B. aktiver Faktor X und das Substrat Prothrombin in unmittelbarer Nähe miteinander reagieren können, wobei sie von einem Cofaktor V in optimaler Position gehalten werden. Bei einem zufälligen Treffen der 3 Gerinnungsfaktoren im Plasma würden sie nur selten in der erforderlichen Stellung zusammenkommen.

Der "Treffpunkt" auf der Phospholipidmembran, der durch Calcium-Anbindung erzwungen wird, führt zu einer Beschleunigung der proteolytischen Spaltung von Prothrombin zu Thrombin etwa um den Faktor 10 000. Das entstehende Thrombin selbst besitzt keine γ-Carboxyglutaminsäuren mehr zum Festhalten an der Phospholipidmembran, es wird abgelöst und kann nun das Fibrinogen im Plasma aktivieren, indem es die Peptide A und B abspaltet.

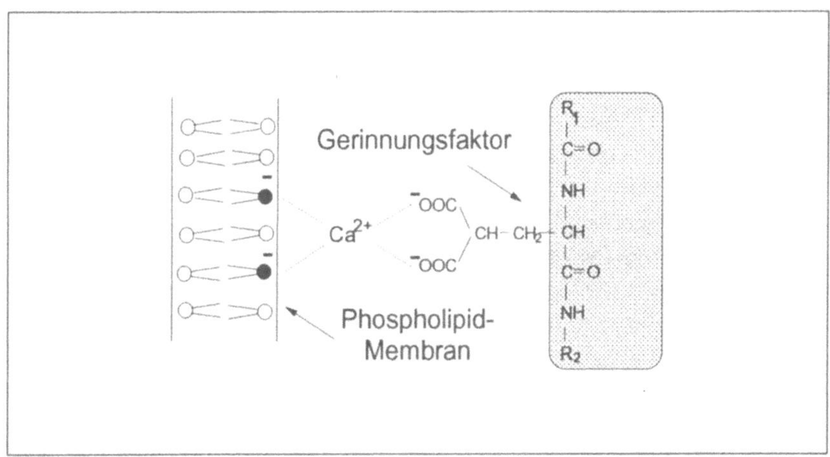

Abbildung 32 zeigt ein Schema der Anbindung eines Gerinnungsfaktors über γ-Carboxyglutaminsäure und Calcium an negativ geladene Phospholipide einer Membran

Die Phospholipid-Membranen stammen hauptsächlich von den Blutplättchen, die sich im Falle einer Gefäßverletzung zusammenlagern und einen ersten Verschluß bewirken. Gleichzeitig führen sie dabei einen Gestaltwechsel durch und setzen Membrananteile und Gerinnungsfaktoren frei.

Der toxische Effekt des Dicumarols aus Süßklee führt dazu, daß keine funktionstüchtigen Gerinnungsfaktoren II, VII, IX und X von der Leber mehr gebildet werden. Erst nach Aufbrauchen der vorhandenen Faktoren trat dann die Verblutung der Tiere ein.

Dieses inhibitorische Prinzip der Cumarine wird heute in der Medizin als Medikament bei verstärkter Blutgerinnungsneigung und bei der Ratten- und Mäusebekämpfung als Gift eingesetzt. In der Medizin wird die Blutgerinnungsneigung bei Patienten mit drohendem Herzinfarkt z.B. durch das Cumarin-Präparat Phenprocoumon herabgesetzt. Bei Blutungsrisiken wirkt Vitamin K zwar als spezifisches Antidot, aber es dauert in der Regel 36 bis 48 Stunden bis genügend funktionstüchtige Gerinnungsfaktoren synthetisiert worden sind und die Gerinnungsfähigkeit des Blutes wieder voll hergestellt ist.

Bei der Bekämpfung von Ratten- und Mäuseplagen wurden früher toxische Präparate mit Thalliumsulfat, Natriumfluorid und Zinkphosphid eingesetzt. Anfang der fünfziger Jahre kam es zu einer beängstigenden Zunahme von Thalliumvergiftungen. Die tödliche Dosis beim Menschen schwankt außerordentlich, sie dürfte für das Thalliumsulfat im Mittel etwa 1 g betragen. Heute werden als Ratten- und Mäusebekämpfungsmittel fast ausschließlich Cumarin-Derivate eingesetzt. Der Vorteil liegt darin, daß die ausgebrachten Dosen für Erwachsene, Kinder und Haustiere in der Regel unbedenklich sind. Eine akute Toxizität ist wegen der langsam einsetzenden Wirkung nicht vorhanden. Sollte es trotzdem bei chronischer Aufnahme zu Vergiftungen kommen, so ist die Therapie mit Vitamin K-abhängigen Gerinnungsfaktoren sehr effektiv im Gegensatz zu der Therapie bei Thalliumvergiftungen mit kolloidalem Eisen(III)-hexacyanoferrat(II) (Berliner Blau).

In Abbildung 32 wurde gezeigt, daß Calciumionen ganz wesentlich am Reaktionsablauf der Gerinnung beteiligt sind. Entzieht man dem Organismus Calcium, so macht sich dies in einer Herabsetzung der Gerinnungsfähigkeit des Blutes sowie in einer muskulären Übererregbarkeit (Tetanie) bemerkbar.

Die Wirkung der O x a l s ä u r e ist wie bei jeder Säure zuerst eine direkte Ätzwirkung auf die Schleimhäute. Nach Einnahme treten sofort heftige Magenschmerzen, Brechreiz und Erbrechen von schwärzlichen Massen auf. Nach der Resorption kommt es jedoch infolge der starken Calciumbindung der Oxalsäure zu Blutungsneigung und schweren Krämpfen. In der Niere fällt das Calciumoxalat in Form von Kristallen aus, die zu einer Verstopfung der Nierenkanälchen mit fehlender Harnabsonderung (Anurie) führen.

Eine weitere Möglichkeit, sich mit Oxalsäure zu vergiften, besteht bei der Intoxikation mit Ethylenglykol (Ethandiol). Der Stoffwechselweg führt zu dem Endprodukt Oxalsäure. Dabei ist hier nicht die Beeinflussung der Gerinnung, sondern die sogenannte Oxalatniere mit vollständiger Harnsperre die vorrangige toxische Komponente. Schon 100 bis 200 ml Ethylenglykol sind mitunter tödlich. Die rechtzeitige Therapie beruht unter anderem auf einer metabolischen Hemmung der Ethylenglykoloxidation durch Ethanol, das den Abbau über die Dehydrogenasen blockiert.

Nicht nur Chelatbildner wie Oxalat können durch ihre Calciumbindung die Blutgerinnung beeinträchtigen, sondern auch Metalle aus der Lanthanreihe wie Lanthan, Cer, Praseodym und Neodym. Der Mechanismus ist hier in der Blockade der Calciumstelle bei der Anbindung der Gerinnungsfaktoren an die Phospholipidmembranen zu suchen. Praseodym wurde früher als Medikament benutzt, um die Blutgerinnung herabzusetzen.

3.5.3 Erythrozyten als Modell für toxische Mechanismen

Erythrozyten haben wir bereits in Kapitel 2.3.2 beim Aufbau von Membranen als Spezialzellen kennengelernt, die im Gegensatz zu anderen Zellen keine intrazellulären Organellen wie einen Zellkern, Mitochondrien, Golgiapparat oder endoplasmatisches Retikulum besitzen. Ihre spezielle Aufgabe liegt hauptsächlich im Sauerstofftransport. Um dieser Funktion optimal zu genügen, sind sie zu über 90 % mit kugelförmigen Hämoglobinmolekülen mit einem Durchmesser von 5.5 nm gefüllt, deren Anzahl pro Erythrozyt etwa 300 Millionen ausmacht. Außerdem besitzen die Erythrozyten eine sehr große Oberfläche, die dem effizienten Gasaustausch nützlich ist.

Wegen ihrer leichten Gewinnbarkeit und wegen ihres übersichtlichen Stoffwechsels im Vergleich zu anderen Zellen, wurden die Erythrozyten von Toxikologen besonders häufig als Modellzellen für toxische Mechanismen benutzt. Nach dem Entnehmen der Erythrozyten durch Einstechen in eine Vene muß zuerst die Gerinnung des Blutes verhindert werden. Dies geschieht am einfachsten durch einen Calcium-Entzug mit Hilfe einer Citrat-, EDTA- oder Oxalat-Lösung.

Hierbei dürfen die Blutzellen nur in einer isotonischen Lösung mit einem physiologischen pH-Wert von 7.4 aufgefangen werden, weil sonst die Membran zerplatzt und der Inhalt mit dem Hämoglobin aus der Zelle austritt. Dieser Vorgang wird Hämolyse genannt. Er läßt sich über die rote Farbe der Hämoglobinlösung leicht quantifizieren. Eine isotonische Lösung ist eine Lösung, die den gleichen osmotischen Druck wie die Erythrozyten besitzt. Diese ist zweckmäßig eine gepufferte 150 mM NaCl-Lösung mit einem osmotischen Druck von etwa 300 mosmol pro Liter (bei einer vollständigen Dissoziation des NaCl in Na^+ und Cl^- würde der durch die gelösten Teilchen erzeugte Druck 300 mosmol/Liter ergeben). Die gelöste Substanz, hier das NaCl, penetriert nur sehr langsam in die Zelle, so daß über lange Zeit nur eine geringe Wasserverschiebung in die Zelle hinein erfolgt. Ersetzt man aber das NaCl durch eine isotonische Harnstofflösung, so hämolysieren die Erythrozyten sofort, da Harnstoff sehr schnell in die Zelle penetriert und das Volumen der Zelle aufgrund des gleichzeitig erfolgenden Wassereintritts zunimmt. Erythrozyten können nur bis zu dem 1.5-fachen ihres Volumen anschwellen; sie verändern dabei ihre bikonkave Scheibchenform zur Kugelform. Eine weitere Volumenzunahme führt zum Zerreißen der Zellmembran.

3.5.3.1 Osmotische Resistenz der Erythrozyten

In isotonischer NaCl-Lösung aufgeschwemmte Erythrozyten verhalten sich als nahezu perfekte Osmometer. Die semipermeable Erythrozytenmembran ist dabei für Wasser gut durchlässig, für die gelösten Teilchen dagegen nur geringfügig, für Substanzen wie Hämoglobin überhaupt nicht.

Diese Osmometer-Eigenschaft der Erythrozyten erlaubt bereits eine Reihe von Tests auf toxische Wirkungen von Substanzen. Normale Erythrozyten beginnen von einer 83 mM NaCl-Lösung (ungefähr 166 mosmol/Liter) an zu hämolysieren. Die Hämolyse ist vollständig in einer Lösung mit 57 mM NaCl. Durch Bestimmung des Hämolysegrades bei verschiedenen NaCl-Konzentrationen zwischen 57 und 83 mM erhält man die sogenannte osmotische Resistenzkurve der Erythrozyten. Dabei kann durch Zusatz einer Substanz die normale osmotische Resistenz herabgesetzt werden. Dieser Effekt wird als ein toxisches Merkmal gewertet. Außerdem reagieren Erythrozyten sehr empfindlich mit Hämolyse auf pH-Veränderungen zum Sauren hin, sie tolerieren pH-Werte nur bis etwa pH 6. Der toxische Mechanismus beruht dabei auf einer Schädigung der Membran und zwar entweder der Lipidbarriere (Membrananteil 43% Lipide) oder der Proteine (Membrananteil 49% Proteine). Grundsätzlich kann zwischen einer unspezifischen Zerstörung der Membrandoppelschicht und einer mehr selektiven Änderung der Membranpermeabiliät, die durch die Funktion der Membranproteine bedingt ist, unterschieden werden.

Betrachtet man auf einer Langzeitskala das Verhalten der Erythrozyten in einer isotonischen NaCl-Lösung, so registriert man eine langsame Volumenzunahme, die schließlich auch zur Hämolyse führt. Diese Art der

Hämolyse hat Wilbrandt nach ihrem Mechanismus als "kolloidosmotische Hämolyse" bezeichnet. In Kapitel 2.2.3. wurden der kolloidosmotische Druck der Plasmaproteine und die daraus resultierenden Flüssigkeitsbewegungen in den Kapillaren besprochen. Aus dem hohen Hämoglobingehalt der Erythrozyten, der etwa einer Konzentration von 5 mM entspricht, ergibt sich ein kolloidosmotischer Druck von etwa 85 mm Hg. Das ist das 3.4-fache des osmotischen Drucks der Plasmaproteine. Diese Berechnung zeigt, daß es eine entsprechende Flüssigkeitsbewegung in die Erythrozyten geben muß, die eigentlich zum Schwellen der Zellen und schließlich zur Hämolyse führen müßte. Da dies im lebenden Organismus nicht eintritt, muß es einen Mechanismus geben, der diesen kolloidosmotischen Druck kompensiert.

3.5.3.2 Die Na^+-K^+-ATPase

Der Mechanismus des osmotischen Druckausgleichs ist mit dem aktiven Transport von Kalium- und Natriumionen verbunden. Im Jahre 1957 entdeckte Jens Skou in Membranpräparationen von Krebsnerven ein Enzym, das ATP (<u>A</u>denosin<u>t</u>ri<u>p</u>hosphat) in ADP (<u>A</u>denosin<u>d</u>i<u>p</u>hosphat) und P_i (anorganisches Phosphat) spaltet, wenn gleichzeitig Natrium-, Kalium- und Magnesiumionen anwesend sind. Seither wird dieses in fast allen Zellmembranen und auch im menschlichen Erythrozyten vorkommende Enzym Na^+ -K^+ -ATPase genannt:

$$ATP + H_2O \xrightarrow{Na^+,\ K^+,\ Mg^{2+}} ADP + P_i + H^+$$

Dieses Transmembran-Protein besteht aus drei Untereinheiten, einer α-Untereinheit von 110 kD, auf der sich die katalytische Aktivität und die Bindungsstellen für die genannten Kationen befinden, einer glycosylierten β-Untereinheit mit 55 kD und einer γ-Untereinheit mit nur 10 kD. Die wahrscheinliche Zusammensetzung des Komplexes ist $\alpha_2\beta_2\gamma$. Das Enzym ist für den hohen Kaliumgehalt von etwa 140 bis 150 mM in den meisten Zellen gegenüber nur 4 bis 5 mM in der Außenlösung verantwortlich. Gleichzeitig liefert es eine geringe Natriumkonzentration von 10 bis15 mM in den Zellen, während außen etwa 150 mM Natrium anstehen. Die Transporteigenschaften des Enzyms und der Reaktionsablauf wurden hauptsächlich an Erythrozyten bestimmt. Dabei ergab sich folgende Gesamtstöchiometrie der Na^+-K^+-ATPase-Reaktion:

$$3\ Na^+\ (\text{Zellinneres}) + 2\ K^+\ (\text{außen}) + ATP \leftrightarrow$$

$$3\ Na^+\ (\text{außen}) + 2\ K^+\ (\text{Zellinneres}) + ADP + P_i$$

Es werden 3 Natriumionen vom Zellinneren nach außen transportiert, dagegen nur 2 Kaliumionen vom Außenmedium in das Zellinnere überführt. Für diesen Transportzyklus wird ein ATP-Molekül verbraucht.

Es handelt sich also bei dieser Membranpumpe um einen elektrogenen Transporter, bei dem drei positive Ladungen die Zelle verlassen, während zwei eintreten. Neben dem elektrochemischen Potentialgradienten bildet sich ein osmotisch wirksamer Konzentrationsunterschied an Kationen aus. Der asymmetrische Transport der Na^+-K^+-ATPase kompensiert den durch das Hämoglobin bedingten kolloidosmotischen Wassereinstrom und erlaubt somit eine osmotische Regulation des Wassergehaltes in den Erythrozyten und ebenso in anderen Zellen.

Der elektrochemische Potentialgradient, der durch die Na^+-K^+-ATPase erzeugt wird, ist z.B. für die elektrische Erregung von Nervenzellen verantwortlich und dient als Triebkraft für sekundäre Transportprozesse, die an einen Na^+-Gradienten gekoppelt sind, wie z.B. der Aminosäurentransport und der Glukosetransport im Darm. Für alle diese Zellen gilt, daß sie einen großen Anteil des von ihnen produzierten ATP zur Aufrechterhaltung der Kalium- und Natriumgradienten benötigen.

Die große Verbreitung bei fast allen Zellen und die funktionelle Bedeutung der Na^+-K^+-ATPase machen deutlich, daß eine toxische Schädigung des Enzyms zu weitreichenden Folgen führen muß. Bei den Pfeilgiften wurden unter den Herzgiften die sehr giftigen Glykoside Ouabain und Strophanthus kombé erwähnt. In Ostafrika wurde der eingedickte Extrakt dieser Gifte auf Pfeil- und Speerspitzen aufgetragen und bewirkte, daß sogar bei größeren verwundeten Tieren wie Flußpferden oder Elefanten die Herztätigkeit schnell abnahm und der Herzmuskel in kontrahiertem Zustand (Kontraktur) stehen blieb.

Der Wirkungsmechanismus der Herzglykoside auf die Na^+-K^+-ATPase wurde 1957 von H. J. Schatzmann am Erythrozyten aufgeklärt. Die Herzglykoside binden an der Außenseite der Erythrozytenmembran an die α-Untereinheit der Na^+-K^+-ATPase und hemmen die Dephosphorylierung des Enzyms. Die Bindung der Herzglykoside an der Membran kann durch Kalium verdrängt werden. Die eigentliche Wirkung der sogenannten Herzglykoside ist jedoch durch zwei Mechanismen zu erklären. Der erste beruht auf der oben erwähnten Hemmung der Na^+-K^+-ATPase der Herzmuskelzellen. Durch diese Hemmung sinkt in der Zelle die Kaliumkonzentration ab. Gleichzeitig steigt die Natriumkonzentration an. Der zweite Mechanismus bringt auf Grund des erhöhten Natriumgehalts in der Zelle über einen Na^+-Ca^{2+}-Austauscher vermehrt Calcium in das Zellinnere.

Infolge des ersten Mechanismus sinkt das auf der reduzierten Kaliumkonzentration beruhende Membranpotential ab und ein unregelmäßiger Herzrhythmus ist die Folge (Herzarrhythmie). Der zweite Mechanismus führt durch die erhöhte Calciumkonzentration zum Tod, das Herz bleibt in Kontraktur stehen.

Herzglykoside werden in der Medizin als Medikamente eingesetzt, um die Herzkraft bei Herzkranken zu steigern. Der Mechanismus ist der bei der Vergiftung beschriebene, nur wird die Dosis niedriger gewählt (Paracelsus). Entscheidend ist beim Herzkranken die indirekte Steigerung der Calciumkonzentration, welche die Herzkraft zunehmen läßt.

Eine andere Möglichkeit, die Na^+-K^+-ATPase zu hemmen, beruht auf der blockierenden Wirkung von Schwermetallen wie Quecksilber- und Bleiionen. Beim Quecksilber wie auch beim Blei steht die große Affinität der Schwermetalle zu funktionellen SH-Gruppen im Vordergrund. In der Niere ist die treibende Kraft für die aktive Natriumrückresorption im Nephron die Na^+-K^+-ATPase. Die Kenntnis der harntreibenden Wirkung von Quecksilber geht bereits auf Paracelsus zurück und wird unter anderen Wirkungen des Quecksilbers mit einer Hemmung der Na^+-K^+-ATPase in der Niere in Verbindung gebracht. 1924 wurden als harntreibende Medikamente organische Quecksilberverbindungen eingesetzt, die heute wegen ihrer toxischen Wirkung nicht mehr angewandt werden.

Eine weiteres Schwermetallion, das den aktiven Natrium- und Kaliumtransport mit hoher Affinität blockieren kann, ist das Vanadation. Die Chemie dieses Ions in wässrigen Lösungen ist äußerst vielfältig durch Polymerisation und Komplexbildung mit Hydroxylionen und anderen Verbindungen. Das Vanadation ist ein Oxometallat des fünfwertigen Vanadiums. Es liegt im physiologischen pH-Bereich unter 100 µM als VO_3^--Anion (Metavanadat) vor, im alkalischen Bereich vorwiegend als VO_4^{3-}-Anion (Orthovanadat). In der Biochemie wird Vanadat als Hilfsmittel eingesetzt, um ATPasen zu klassifizieren. Alle ATPasen, die phosphorylierte Zwischenverbindungen bilden, werden meist schon durch Vanadat im mikromolaren Bereich gehemmt, z.B. Metallionenpumpen wie die Na^+-K^+-ATPase der Erythrozytenmembran.

Der Grund für diese Hemmung wird in der Ähnlichkeit der Anionen gesehen. Danach hat das Phosphatanion, PO_4^{3-}, chemische Ähnlichkeit mit dem Vanadatanion, VO_4^{3-}. Mit diesem Modell wird die effektive Hemmwirkung an der ATP-Phosphorylierungsstelle des Enzyms erklärt. Im Gegensatz zu den Herzglykosiden, die an der Außenseite an der α-Untereinheit des Enzyms anbinden, erfolgt die Reaktion mit Vanadat an derselben Untereinheit, jedoch an der Innenseite der Membran. Um beim intakten Erythrozyten eine Wirkung auf die Transport-ATPasen zu erzielen, muß das hydrophile Vanadatanion die Membran erst passieren können. Der Transport des Vanadats in das Zellinnere führt uns zu einem anderen wichtigen Membranprotein, dem Anionentransporter, der auch das Vanadat transportiert.

3.5.3.3 Der Anionen-Transporter

Das Stoffwechselendprodukt der meisten Substrate im Organismus ist CO_2. Es fällt beim oxidativen Zitronensäure-Stoffwechselweg in den Mitochondrien in besonders großen Mengen an. Pro Minute werden vom Menschen etwa 200 ml CO_2 gebildet und ausgeatmet. In der Stunde werden 12 Liter und am Tag 288 Liter CO_2 ausgeschieden. Umgerechnet sind dies rund 13 mol CO_2 pro Tag. Bei körperlicher Arbeit kann die CO_2-Produktion bis auf 8 000 ml pro Minute ansteigen.

Diese großen Mengen an CO_2 können wegen ihrer viel zu geringen Löslichkeit im Blut nicht als CO_2 zu den Lungen transportiert werden. Im

Blut gelöst gelangen etwa 8 % als CO_2, der größte Anteil von etwa 81 % als Hydrogencarbonat, HCO_3^-, und der Rest an Hämoglobin gebunden als Carbaminoverbindung zur Lunge.

Das im Zellstoffwechsel gebildete CO_2 diffundiert zunächst als physikalisch gelöstes CO_2 aus der Zelle und muß in gleicher Form den Zwischenzellraum und die Gefäßwände passieren, um schließlich den Erythrozyten zu erreichen. Der sich hierbei abspielende Vorgang ist in der nächsten Abbildung schematisch wiedergegeben.

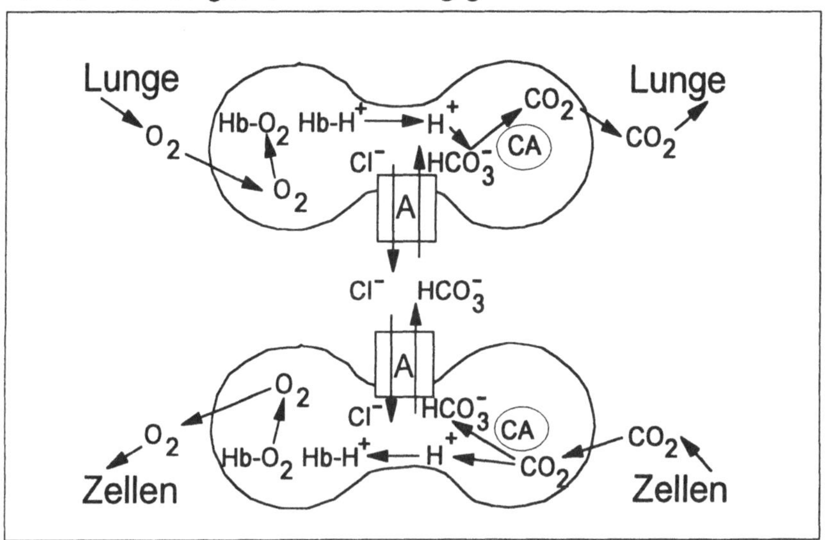

Abbildung 33. Schema des CO_2- und des O_2-Transports durch die Erythrozyten. Die Erythrozyten sind entsprechend ihrer Form als bikonkave Scheibchen wiedergegeben, mit A ist der Anionentransporter, mit CA die Carboanhydrase und mit Hb das Hämoglobin bezeichnet

Erst in den Erythrozyten wird aus CO_2 und H_2O das H_2CO_3 gebildet, das sofort entsprechend dem Dissoziationsgleichgewicht in das Anion HCO_3^- und ein Proton dissoziiert. Die Reaktion wird im Erythrozyten durch die in großer Menge vorhandene Carboanhydrase, ein sehr wirksames zinkhaltiges Enzym, katalysiert. Das Proton, das bei dieser Reaktion entsteht, wird hauptsächlich von Hämoglobin unter O_2-Abgabe gepuffert. An dieser Stelle ist, wie auch beim umgekehrten Effekt in der Lunge, der O_2-Transport mit dem CO_2-Transport gekoppelt.

Das Hydrogencarbonatanion im Erythrozyten wird durch den Anionentransporter in der Membran gegen ein Chloridanion ausgetauscht, bis auf beiden Seiten der Membran nahezu gleiche Konzentrationen vorhanden sind. Der umgekehrte Vorgang erfolgt in der Lunge. Durch das Abatmen des CO_2 , entsprechend dem CO_2-Gradienten in der Lunge, liefert die Carboanhydrase aus Hydrogencarbonatanion und einem Proton, vom Hämoglobin, das CO_2 ständig nach. Die verminderte Hydrogencarbonatkonzentration innen wird durch den Anionentransporter sehr schnell ausgeglichen, indem jetzt ein Hydrogencarbonatanion im Austausch gegen ein Chloridanion in die Zelle eintritt. Durch die Protonenabgabe des Hämoglobins in der Lunge wird gleichzeitig die Affinität des Hämoglobins für O_2 erhöht.

Der Vorgang des Hydrogencarbonat-Chlorid-Austausches muß mit großer Geschwindigkeit vonstatten gehen, da die Durchflußzeit der Erythrozyten durch die Lunge in Ruhe nur 0.7 Sekunden beträgt und bei Arbeit sogar auf 0.3 Sekunden verkürzt ist. Dieser sehr effiziente Transportprozeß wurde bereits im Jahre 1874 von dem Marburger Physiologen Hermann Nasse entdeckt und wird darum heute als "Nasse-shift" bezeichnet.

Von Hermann Nasses Entdeckung bis zur Auffindung des Transportproteins durch die Forschergruppe um Aser Rothstein in Toronto mußten fast 100 Jahre vergehen, bis der Anionentransporter als ein 96 kD Protein in der Erythrozytenmembran identifiziert werden konnte. Auf Grund seiner großen physiologischen Bedeutung macht dieses Protein einen sehr großen Anteil der gesamten Membranproteine mit 20 bis 30 % aus. In der Membran eines einzelnen Erythrozyten befinden sich etwa 1.2×10^6 Anionentransporter.

Für die Toxikologie ist dieses Protein deshalb wichtig, weil es nicht nur die physiologischen Anionen wie Hydrogencarbonat, Chlorid und Phosphat in die Zelle transportiert, sondern darüber hinaus für die Permeation einer Reihe toxisch wirksamer Anionen wie Vanadat-, Chromat-, Arsenat- und Superoxidanionen verantwortlich ist.

Das Vanadatanion kann auf diesem Wege die Innenseite der α-Untereinheit der Na^+-K^+-ATPase erreichen und hier seinen hemmenden Einfluß ausüben.

In der Zwischenzeit hat man dieses Transportprotein auch in den Epithelzellen der Niere, der Lunge und des Darmes sowie in Zellen von Leber, Gehirn, Herz und in weißen Blutzellen gefunden. Es ist also nicht nur auf die Erythrozyten beschränkt.

Im Abschnitt Biotransformation wurde beschrieben, daß Vanadationen bei ihrer Reduktion zu Vanadyl den Elektronenfluß zum Cytochrom P-450 unterbrechen und so den Biotransformationsmechanismus unterbinden können. Der Eintritt in die Leberzellen erfolgt sicher auch hier über den Anionentransporter.

Ein weiteres Beispiel für den Transport von toxischen Anionen bietet das VI-wertige Chromatanion, CrO_4^{2-}. Sein Eintritt in die Erythrozyten über den Anionentransporter kann wie beim Vanadatanion durch spezifische Inhibitoren dieses Transportes nachgewiesen werden. Chrom(VI)-Verbindungen sind im allgemeinen 100 bis 1000 mal toxischer als die häufigeren Chrom(III)-Verbindungen. Dies kann seine Ursache darin haben, daß Chrom(III)-Verbindungen von intakten Zellen kaum aufgenommen werden können. Sind jedoch die Chrom(VI)-Verbindungen in die Erythrozyten gelangt, so werden sie durch den Stoffwechsel rasch zu Chrom(III)-Verbindungen reduziert und bleiben als Kationen in der Zelle gefangen. Ein gleicher Mechanismus ist auch für Leberzellen beschrieben worden, hier scheint der Cytochrom P-450-Stoffwechsel an der Umwandlung in das dreiwertige Chrom beteiligt zu sein. Die Diskussion über die mögliche toxische und besonders krebserregende Form ist noch nicht abgeschlossen, es erhärtet sich jedoch der Verdacht, daß in die Zelle eingedrungenes Chrom als Chrom(III) mutagen und krebserregend wirkt. Eine besondere Vorsicht ist im Umgang mit Chromtrioxid, Bleichromat, Calciumchromat, Strontiumchromat, Chrom(III)-chromat und Alkalichromaten wegen ihrer krebsauslösenden Wirkung geboten.

Als ein letztes Beispiel für die Bedeutung des Anionentransporters beim Transport von toxischen Substanzen soll das Arsenatanion, AsO_4^{3-}, dienen. Dieses Ion besitzt wie das Vanadat eine Ähnlichkeit mit dem Phosphatanion, PO_4^{3-}. Das Arsenatanion benutzt ebenfalls den Anionentransporter als Weg, um in das Innere der Zelle zu gelangen. Biochemiker haben dieses Molekül eingesetzt, um den ATP-Gehalt der Zelle schrittweise abzusenken. Ein wichtiger Angriffspunkt in der Zelle ist das

Enzym Glycerinaldehyd-3-phosphat-Dehydrogenase (GAPDH). Dieses Enzym nimmt beim Abbau von Kohlenhydraten (Glykolyse) eine Schlüsselstellung ein, indem es Glycerinaldehyd-3-phosphat zu 1,3-Bisphosphoglycerat oxidiert und dabei ein anorganisches Phosphatmolekül in eine energiereiche Bindung überführt, das dann zur ATP-Gewinnung genutzt wird:

$$\text{Glycerinaldehyd-3-phosphat} + NAD^{+} + HPO_4^{2-} \xrightarrow{\text{GAPDH}}$$

$$\text{1,3-Bisphosphoglycerat} + NADH + H^{+}$$

In dieser Reaktion kann das Phosphatanion nun durch Arsenat ersetzt werden. Die entstehende Verbindung ist ein sehr labiles Acylarsenat, das schnell zerfällt und somit die Substratkettenphosporylierung unterbricht.

```
                  O
                  ‖
O       O — As — O⁻
  ⟍    ⁄      |
    C         O⁻
    |
  HC — OH
    |
  CH2OPO3 2-
```

1-Arseno-3-phosphoglycerat

Damit folgt als Nettoreaktion:

$$\text{Glycerinaldehyd-3-phosphat} + NAD^{+} + H_2O \xrightarrow{\text{GAPDH}}$$

$$\text{3-Phosphoglycerat} + NADH + 2\ H^{+}$$

Die obige Reaktion veranschaulicht, daß durch die Reaktion mit Arsenat kein 1,3-Bisphosphoglycerat zur ATP-Gewinnung zur Verfügung steht. Aus der Phosphatgruppe im 3-Phosphoglycerat läßt sich lediglich die zuvor aus ATP stammende Energie wieder zurückgewinnen.

3.5.3.4 Das Hämoglobin als Sauerstofftransporter

In dem Teubner-Studienbuch "Bioanorganische Chemie" von W. Kaim und B. Schwederski wird in Kapitel 5 die Chemie des Sauerstofftransports mittels Hämoglobin ausführlich behandelt, so daß an dieser Stelle nur das für das unmittelbare Verständnis notwendige Wissen von der Struktur und Funktion des Hämoglobins vermittelt werden soll.

Der Sauerstoff wird durch Diffusion in die Erythrozyten aufgenommen und dort an den Fe^{2+}-Porphyrin-Komplex des Hämoglobins gebunden. Die Wertigkeit des Eisens ändert sich bei diesem Vorgang nicht. Das Hämoglobinmolekül hat ein Molekulargewicht von 67 kD und besteht beim erwachsenen Menschen aus 2 α- und 2 β-Ketten, die je einen Fe^{2+}-Porphyrin- oder Häm-Komplex tragen.

Hämoglobin ist ein allosterisches Protein (Absatz 3.4.3.5), die Bindung von Sauerstoff an Hämoglobin erfolgt kooperativ, d.h. ein gebundenes O_2 erhöht die Affinität für das zweite O_2 , zwei gebundene O_2 steigern die Affinität für das dritte O_2 usw., bis alle 4 Häm-Gruppen an den Untereinheiten abgesättigt sind. Die Bindung von O_2 an Hämoglobin wird durch H^+, CO_2 und 2,3-Bisphosphoglycerat reguliert. Diese Regulatoren beeinflussen die Sauerstoffbindungseigenschaften des Hämoglobins räumlich weit entfernt von der Sauerstoffbindungsstelle am Häm.

Die Bindungsstelle von 2,3-Bisphosphoglycerat (BPG) zwischen den β-Ketten des Hämoglobins ist in Abbildung 23 dargestellt (Bindungskräfte am Rezeptor). Im Zusammenhang mit dem Hydrogencarbonat-Chlorid-Austausch ist schematisch die Bindung von H^+ und CO_2 an Hämoglobin gezeigt worden (Abbildung 33). Bereits im Jahre 1904 wurde diese wichtige physiologische Regulation von Christian Bohr, dem Vater des Atomphysikers Niels Bohr, entdeckt und wird nach ihm als "Bohr-Effekt" bezeichnet. CO_2 kann die O_2-Bindung direkt unter reversibler Carbamatbildung mit den N-terminalen Aminogruppen des Hämoglobins beeinflussen. Eine hohe CO_2-Konzentration in den Blutkapillaren stimuliert dabei die Desoxygenierung des Hämoglobins. Außerdem setzen die bei der Carbamatbildung gebildeten Protonen vermehrt O_2 aus der Hämoglobinbindung frei. Die folgende Abbildung zeigt graphisch die regulativen Einflüsse des Bohr-Effektes und der BPG-Bindung auf die sigmoide

Sauerstoffdissoziationskurve von Hämoglobin in Abhängigkeit vom Sauerstoffpartialdruck im Organismus.

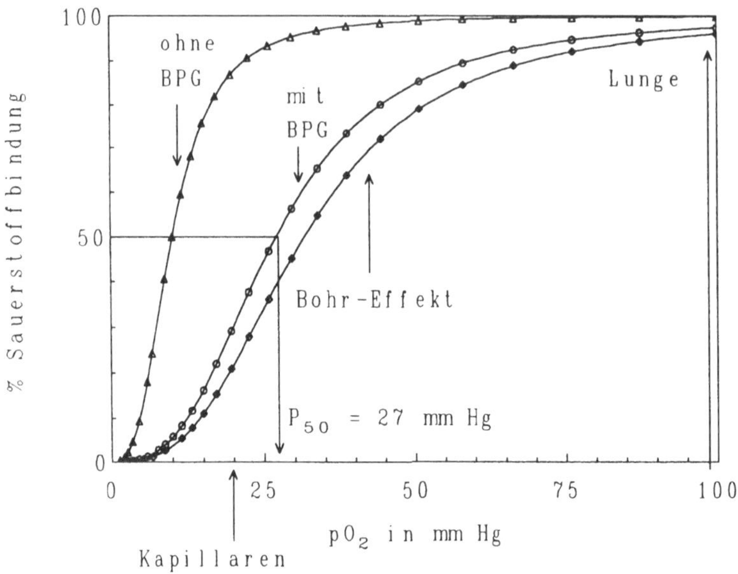

Abbildung 34. Sauerstoffdissoziationskurven von Hämoglobin in Abhängigkeit vom Sauerstoffpartialdruck (pO_2). In der Lunge liegt der Sauerstoffpartialdruck bei 100 mm Hg und in Kapillargefäßen von aktiven Muskelzellen bei etwa 20 mm Hg. Das bedeutet, daß hier etwa 70 % des gebundenen Sauerstoffs freigesetzt werden. Als P_{50}-Wert wird der pO_2-Wert bezeichnet, bei dem die Sauerstoffsättigung des Hämoglobins 50 % beträgt. Normalerweise liegt dieser Wert bei 27 mm Hg (Kurve mit Kreisen). Der Bohr-Effekt bewirkt, daß die Sauerstoffdissoziationskurve nach rechts verschoben wird (Kurve mit Quadraten). Für den arbeitenden Muskel, der viel CO_2 und H^+-Ionen produziert, bedeutet dies eine bessere Sauerstoffversorgung. Eine besondere Rolle spielt das BPG bei der Sauerstoffbindung, es ist unter normalen Bedingungen mit etwa 5 mM in der gleichen Konzentration wie Hämoglobin vorhanden. Ohne BPG erfolgt eine starke Linksverschiebung der Sauerstoffdissoziationskurve (Kurve mit Dreiecken)

2,3-Bisphosphoglycerat (BPG) ist ein Zwischenprodukt der Glykolyse. Bei einer Inaktivierung des Glykolysestoffwechsels durch Abkühlen des Blutes oder durch Glucosemangel sinkt die Konzentration des BPG ständig ab. Dies geschieht zum Beispiel auch bei sehr langer Lagerzeit des Blutes. Ist schließlich kein BPG mehr vorhanden, so verschiebt sich die Sauerstoffdissoziationskurve nach links bis zu einem P_{50}-Wert von etwa 10 mm Hg. Dies bedeutet für einen Patienten, der auf eine Bluttransfusion angewiesen ist, daß dieses Blut nicht mehr als Sauerstofftransporter arbeiten kann und kaum noch Sauerstoff freigibt.

Eine Reihe toxischer Substanzen kann den Sauerstofftransport am Hämoglobin beeinflussen. Das Atemgift Kohlenmonoxid, CO, zeigt bezüglich Farbe, Geruch und Geschmack keinerlei Warnwirkung. Seine Affinität zum Hämoglobin ist etwa 200 bis 300fach größer als die des Sauerstoffs. Die Bindung am Hämoglobin ist vollständig reversibel, so daß eine CO-freie Luft oder besser reiner Sauerstoff die Vergiftungssymptome schnell zum Verschwinden bringt.

Der Erythrozyt ist oft starken oxidierenden Einflüssen des Sauerstoffs ausgesetzt. Die Oxidation von Hämoglobin (Fe^{2+}) zu Hämiglobin oder Methämoglobin (Fe^{3+}) führt zu einem vollständigen Verlust der Sauerstofftransportkapazität. Dieser Prozeß läuft in geringem Umfang ständig in den Erythrozyten ab, man findet jedoch normalerweise immer nur Spuren (unter 1 %) von Methämoglobin. Der Grund hierfür ist ein effektives enzymatisches Reduktionssystem, nämlich die Methämoglobin-Reduktase. Diese Reduktase benötigt ein weiteres System zur Bereitstellung von Reduktionsequivalenten, besonders in Form von NADPH, die es aus dem Pentosephosphatstoffwechsel über die Glucose-6-phosphatdehydrogenase bezieht. Menschen, die einen genetisch bedingten Mangel dieses Enzyms aufweisen, sind sehr empfindlich gegenüber methämoglobinbildenden Giften.

Zu den sogenannten Methämoglobinbildnern gehören verschiedene Substanzen, die man nach dem Mechanismus der Methämoglobinbildung in vier Gruppen, nämlich in Oxidationsmittel, Substanzen mit gekoppelter Oxidation, autokatalytischer Oxidation und Wirkung durch Redoxfarbstoffe unterteilen kann.

Als ein Beispiel für eine gekoppelte Oxidation sollen die Nitrite dienen. Während dieser Oxidation wird unter Bildung von Nitrat Sauerstoff auf Nitrit übertragen und gleichzeitig Hämoglobin in Methämoglobin verwandelt. Die beiden letzten Prozesse benutzt das NADPH-NADP$^+$-Reduktase-System, um indirekt verstärkt Methämoglobin zu bilden.

Oxidations-mittel	**Substanzen mit gekoppelter Oxidation**	**Substanzen mit auto-katalytischer Oxidation**	**Redoxfarbstoffe**
Chlorate, Perchlorate, $K_3[Fe(CN)_6]$	Natriumnitrit, Kaliumnitrit, Nitrate, NO_2, NO, Amylnitrit, Nitroglycerin	Anilin, Nitrobenzol, Phenylhydrazin, Nitrotoluole, Sulfonamide	Methylenblau, Thionin, Chinone

Tabelle 11 gibt eine Zusammenstellung verschiedener Methämoglobinbildner

3.5.3.5 Der Erythrozytenstoffwechsel

Der Stoffwechsel des Erythrozyten zeigt insofern eine Besonderheit, als ATP ausschließlich durch Glykolyse gebildet werden kann. Durch den Abbau von Glucose zu Lactat und Pyruvat gewinnt der Erythrozyt nicht nur Energie in Form von ATP, sondern auch Reduktionsäquivalente in Form von NADH und NADPH.

Ein großer Teil des ATP wird für die Na^+-K^+-ATPase-Reaktion zur Kompensation des kolloidosmotischen Drucks verwendet. Die Spezialisierung auf den Sauerstoff- und CO_2-Transport hat es mit sich gebracht, daß der Erythrozyt auch besonders anfällig für toxische Prozesse ist. Dabei birgt schon die Kombination einer hohen Sauerstoffkonzentration mit Eisen als Reaktionspartner ein hohes toxisches Potential. Deshalb gibt es im Erythrozyten vier verschiedene Oxidationsschutzmechanismen:

- Die Glutathion-Peroxidase

Glutathion (GSH) ist ein Tripeptid, es besteht aus γ-Glutamyl-Cystinyl-glycin. Bei der Peroxidase-Reaktion wird H_2O_2 mit GSH entgiftet und in Glutathiondisulfid (GSSG) und $2H_2O$ überführt. In den Erythrozyten existiert ein Glutathion-Reduktase-Enzym, das unter Verbrauch von

NADPH das GSSG in 2 GSH zurückverwandelt. Der Glutathiongehalt des Erythrozyten ist, wie in der Leber, sehr hoch und liegt bei einer Konzentration von 5 bis 7 mM.

- Die Methämoglobin-Reduktase (siehe Seite 153)

NADPH- und Cytochrom b_5-NADH-abhängiges Enzym.

- Die Superoxid-Dismutase (Erythrocuprein)

Dieses Enzym dient zur Entfernung von Superoxidanionen entsprechend der folgenden Summenreaktion: $2\ O_2^{-}\bullet\ +\ 2\ H^+ \dashrightarrow O_2\ +\ H_2O_2$

- Die Katalase

Die Katalase des Erythrozyten spaltet H_2O_2 in 2 H_2O und O_2. Außer dieser Entgiftungsreaktion oxidiert die Katalase auch metallisches Quecksilber (Hg^0) und giftet es hierdurch zu zweiwertigem Quecksilber (Hg^{2+}).

Neben dem ausgeprägten Oxidationsschutz stellt die direkte Beeinflussung des Sauerstofftransportes durch das 2,3-Bisphosphoglycerat (BPG) eine weitere Besonderheit des Erythrozytenstoffwechsels dar. Erythrozyten führen die Synthese des BPG und seinen Abbau auf einem Nebenweg des Glykolysestoffwechsels durch. Dabei katalysiert die Bisphosphoglycerat-Mutase die Übertragung einer Phosphorylgruppe vom C(1)- auf das C(2)-Atom des 1,3-Bisphosphoglycerats. Das so entstandene 2,3-Bisphosphoglycerat wird durch 2,3-Bisphosphoglycerat-Phosphatase zu 3-Phosphoglycerat hydrolysiert. Vanadat vermindert das BPG.

Viele toxische Prozesse sind in der Lage, den Erythrozytenstoffwechsel zu beeinflussen. Besonders toxisch für den Erythrozyten ist das Blei. Im Blut sind ca. 95 % des zirkulierenden Bleis an Erythrozyten gebunden. Es kann in Form eines lipophilen Hydroxyl-Bicarbonat-Komplexes verhältnismäßig schnell die Erythrozytenmembran passieren. Seine akut toxische Wirkung läßt sich durch den Abfall des ATP in den Zellen nachweisen.

Besser als die akuten Intoxikationen durch Blei kennt man seine chronischen Wirkungen auf die Hämoglobinsynthese. An verschiedenen Stellen wird die Hämsynthese gehemmt, und die Vorstufen, z.B. die δ-Aminolävulinsäure (δ-ALA), werden vermehrt im Harn ausgeschieden. Es tritt sekundär eine Verminderung der Erythrozytenzahl und des Hämoglobins in den Erythrozyten auf (Anämie, Blutarmut). Außerdem weisen die Zellen körnige Einschlüsse sowie Verformungen auf, und ihre Lebenszeit ist stark verkürzt.

3.5.4 Toxische Einflüsse auf das Nervensystem

Das Nervensystem sorgt für eine koordinative Steuerung der verschiedenen Organsysteme und ist als Steuerzentrale in besonderem Maße für die bewußten und unbewußten Abläufe im Organismus verantwortlich. Wegen dieser zentralen Funktion sind toxische Einflüsse auf dieses empfindliche System von besonderer Bedeutung.

Preßt man einem Menschen ein mit Chloroform (Trichlormethan) getränktes Tuch auf Mund und Nase, so verliert diese Person das Bewußtsein. Der so narkotisierte Mensch ist im Gegensatz zum Schlafenden nicht aufweckbar. Das Ausmaß der Narkosetiefe wird durch die Chloroform-Konzentration bestimmt. Am empfindlichsten reagiert die Hirnrinde. Die Folgen sind Schmerzlosigkeit, Bewußtseinseinschränkung bis hin zur Bewußtlosigkeit. Die Steuerung der bewußten Abläufe im Organismus ist aufgehoben.

Bei weiterer Narkosetiefe werden die protektiven Reflexe wie Flucht-, Stell- und Haltereflexe, Hustenreflex, Fremdkörperreiz am Auge etc. abgeschwächt oder sie erlöschen, und die Muskelspannung erschlafft. Bis zu diesem Punkt sind alle Prozesse reversibel, d.h. läßt die Chloroform-Konzentration im Organismus nach, so wacht der Betäubte aus der Narkose auf und kann sich an nichts mehr erinnern (retrograde Amnesie, zurückliegender Erinnerungsverlust).

Ein Zuviel an Chloroform bewirkt, daß die lebenswichtigen Zentren im verlängerten Mark (Medulla oblongata oder Nachhirn) gehemmt werden. Der Kreislauf bricht zusammen, die Atmung hört auf, und der Vergiftete stirbt.

Chloroform wurde 1831 von Justus von Liebig hergestellt, gleichzeitig auch in Frankreich und den USA. Der Arzt James Y. Simpson in Edinburgh benutzte Chloroform 1847 in der Geburtshilfe, um z.B. der Königin Victoria bei der Geburt ihres achten Kindes die Schmerzen zu nehmen. Chloroform darf heute nicht mehr als Narkosemittel eingesetzt werden, weil es unkontrollierbare toxische Eigenschaften besitzt. Während der Narkose kann es zu einem plötzlichen Herzstillstand kommen und nach der Narkose schwere Leberschädigungen erzeugen. Auch als

Lösungsmittel verwendet kann Chloroform narkotische Erscheinungen hervorrufen und zu schweren Vergiftungen von Leber- und Nierenparenchym führen.

Der allgemeine Mechanismus der Narkose konnte trotz vieler Versuche bisher nicht aufgeklärt werden. Es handelt sich wahrscheinlich um eine relativ unspezifische Wirkung. Der Angriffspunkt der Narkotika ist jedoch eindeutig die Zellmembran. Die Wirkung beruht darauf, daß die elektrische Erregbarkeit der Nervenzellen abnimmt und schließlich vollkommen sistiert. So ändern sich die an der Gehirnoberfläche registrierten elektrischen Potentiale, die als Elektroencephalogramm (EEG) bezeichnet werden, bei einer Narkose in typischer Weise:

1.) Wachzustand: Vorherrschend desynchronisierte, schnell-frequente Wellen (10 bis 20 Hz) mit kleinen Amplituden (10 bis 20 µV).

2.) Narkose: Synchronisierte, zunehmend langsame Wellen (ungefähr 3Hz) mit hoher Amplitude (bis 150 µA), ähnlich einem Schlaf-EEG.

3.) Toxische Wirkung: "burst-artige" Wellenentstehung begleitet von ständiger Abnahme der Amplitude bis zum vollständigen Ausbleiben der Potentiale.

Auf Grund der typischen EEG-Muster bei der Narkose wurden die an der Gehirnoberfläche registrierten Potentiale zur Kontrolle der Narkosetiefe eingesetzt.

3.5.4.1 Effekte auf die Nervenfasern

Die Beobachtung, daß die Erregbarkeit von Nerven auf elektrischen Vorgängen beruht, geht auf Luigi Galvanis berühmt gewordene Kontraktionsexperimente an Froschmuskel-Nerven-Präparaten durch Elektrizität im Jahr 1789 zurück.

Inzwischen kann man Nervenzellen und andere Zellen mit Mikroelektroden anstechen und Potentialdifferenzen zwischen Innen- und Außenraum messen. Nervenzellen besitzen unter Ruhebedingungen eine Potentialdifferenz über die Zellmembran hinweg, wobei sich das Zellinnere negativ gegenüber der Zellaußenseite verhält. Übereinkunftsgemäß wird das sogenannte Ruhe-Membran-Potential mit negativem Vorzeichen geschrieben. Die gemessene Potentialdifferenz entspricht in erster Näherung dem Diffusionspotential, welches durch den vorliegenden Kaliumkonzentrationsgradienten an der Membran hervorgerufen wird (Nernst'sches Diffusionspotential):

$$E_{(mV)} = RT/zF\ (\ln C_2/C_1)$$

$$E_{Kalium} = 61 \cdot \log (4\ mM\ K^{+}_{außen} / 140\ mM\ K^{+}_{innen}) = -94\ mV$$

Dabei ist R die allgemeine Gaskonstante, T die absolute Temperatur, F die Faradaykonstante und z die Wertigkeit des Kaliumions. Für den Warmblüter wird stets eine Temperatur von 37° C angenommen und anstelle des natürlichen Logarithmus erfolgt eine Umrechnung in den dekadischen.

Das Ruhepotential wird durch spannungsgesteuerte Kalium-Kanalproteine bedingt, die am nicht erregten Nerv die Kaliumionen durch die Membran diffundieren lassen entsprechend ihrem vorliegenden Konzentrationsgefälle.

Während der Erregung ändert sich die Kationenpermeabilität ganz erheblich, und die Folge dieser Permeabilitätsänderung ist das eintretende A k t i o n s p o t e n t i a l. Dabei spielen spannungsgesteuerte Natriumkanäle in der Nervenmembran die wesentlichste Rolle. Durch einen depolarisierenden Reiz, der von einer anderen Nervenzelle, z.B. vom ZNS, ausgeht oder von einer Rezeptorzelle von der Peripherie her kommt (z.B. Schmerzrezeptor), werden bei Erreichen eines Schwellenpotentials von etwa -65 mV die Natriumkanäle in der Membran für kurze Zeit (0.5 bis 1 ms) aktiviert und geöffnet. Bei einer gleichzeitigen Abnahme der Kaliumpermeabilität führt der plötzliche Einstrom von Natriumionen entsprechend dem Natriumkonzentrationsgradienten, der dem Kaliumkonzentrationsgradienten etwa in umgekehrter Richtung entspricht, zu einer Membran-Depolarisation. Das Natriumgleichgewichtspotential, das entsprechend der Nernst'schen Gleichung

$$E_{Natrium} = 61 \cdot \log (145\ mM\ Na^{+}_{außen} / 12\ mM\ Na^{+}_{innen}) = +66\ mV$$

beträgt, wird jedoch nicht erreicht, da potentialabhängig die Natriumkanäle inaktiviert werden und die Kaliumpermeabilität bereits zunimmt, bis schließlich das normale Ruhepotential wieder erreicht wird. Dieser Vorgang wird als Repolarisation bezeichnet.

Der einmal ausgelöste Reiz läuft entlang des Nerven mit konstanter Geschwindigkeit bis zu dessen Ende ab. Nerven sind keine elektrischen Kabel, die wie ein Kupferdraht die Elektrizität mit 300×10^6 m pro Sekunde leiten. Der Vergleich mit einer Zündschnur ist eher zutreffend. Die folgende Tabelle gibt eine Übersicht über die verschiedenen Nervenfasertypen, ihre Durchmesser, Leitungsgeschwindigkeiten, Spitzenpotentialdauer und die absoluten Refraktärperioden (Nicht-erregbarkeitszeiten).

Fasertyp	Faser-durchmesser (µm)	Leitungs-geschw. (m/s)	Spitzen-potential-dauer (ms)	absolute Refraktär-periode (ms)
Aα	12 - 20	70 - 120		
Aβ	5 - 12	30 - 70	0.4 - 0.5	0.4 - 1.0
Aγ	3 - 6	15 - 30		
Aδ	2 - 5	12 - 30		
B	< 3	3 - 50	1.2	1.2
C	0.4 - 1.2	0.5 - 2.0	2	2

Tabelle 12. Eigenschaften von Nervenfasertypen

Der Fasertyp Aα besitzt die größte Leitungsgeschwindigkeit mit maximal 120 Metern pro Sekunde oder 432 Kilometern pro Stunde. Diese ist offensichtlich eine Funktion des Nervenfaserdurchmessers und der Isolierung der Nervenzelle mit einer Mark- oder Myelinscheide. Der Typ A bezeichnet Nervenfasern, die mit einer Myelinscheide umgeben sind (α, β, γ und δ sind Untergruppen), Typ B haben eine dünne Myelinhülle, und Typ C besitzen kein Myelin. Die Myelinscheide, welche die Nervenfaser elektrisch isoliert, ist eine spiralförmige, sich 10 bis 150mal um die Plasmamembran legende Lipiddoppelschicht. Sie ist in Abständen von etwa 1 mm von engen, nichtmyelinisierten Lücken unterbrochen, die man als Ranvier'sche Schnürringe bezeichnet. An diesen Schnürringen häufen sich die Kationenkanäle, und die Erregungsleitung springt von Ring zu Ring. Diesen Vorgang nennt man saltatorische (saltare, springen) Erregungsleitung. Das Ergebnis ist eine etwa 20mal schnellere Erregungsleitung gegenüber einer myelinlosen Nervenfaser von sonst gleicher Dimension. Die Refraktärzeit einer Nervenfaser ist insofern wichtig, als das neue Aktionspotential nur in einem noch nicht erregten Gebiet weitergeleitet werden kann. Damit ist die Richtung der Erregungsausbreitung eindeutig festgelegt.

Der spannungsgesteuerte Natriumkanal ist der Angriffspunkt vieler Nervengifte. Zu diesen gehört das Gift des Kugelfisches, das Tetrodotoxin. Der Kugelfisch, auch Fugu-Fisch genannt, ist eine japanische Delikatesse, und die Entfernung des Gifts macht eine besondere Zubereitung erforderlich. Bereits 10 ng von diesem Gift sind für eine Maus tödlich. Ein anderer spezifischer Blocker ist das Saxitoxin von marinen Dino-flagellaten (Flagellaten, Geißeltierchen). Dieses Gift wird von filtrierenden Muscheln so stark angereichert, daß der Gehalt einer einzelnen Muschel an Saxitoxin etwa 50 Menschen töten kann. Die spezifische Wechselwirkung dieser Substanzen mit den Proteinen des Natriumkanals wurde zur Reinigung der Natriumkanalproteine benutzt.

Lange Zeit bevor diese spezifischen Gifte bekannt geworden sind, hat man in der Medizin und in der Zahnmedizin die Blockade der Erregungsleitung benutzt, um dem Patienten bei einem operativen Eingriff, wie z.B. beim Vernähen einer Wunde oder beim Bohren in einem Zahn, Schmerzen zu ersparen. Dazu werden die Lokalanästhetika verwendet. Sie bewirken einen lokalen, reversiblen toxischen Effekt an dem mit einer feinen Kanüle umspritzten Nerven, nämlich am spannungsabhängigen Natriumkanal. Die Erfindung der Lokalanästhesie geht auf das Jahr 1884 zurück, als man das Cocain, ein Alkaloid aus Erythroxylon coca, zum erstenmal bei einer Augenoperation zu diesem Zweck verwendete. Im Jahre 1905 gelang es in vorbildlicher Weise, das wichtige Wirkungsprinzip der Lokalanästhesie von den unerwünschten suchtmachenden Effekten des Cocains zu trennen und auf eine synthetische Verbindung zu übertragen. Die erste Verbindung war das auch heute noch für die Lokalanästhesie benutzte Procain. Gegenüber der blockierenden Wirkung der Lokalanästhetika sind die verschiedenen Nervenfasern unterschiedlich empfindlich. Dünne Nervenfasern werden früher gehemmt als dicke. So wird verständlich, daß die dünnen, schmerzleitenden (sensiblen) C-Fasern mit einem Durchmesser von 0.4 bis 1.2 µm (vgl. Tabelle 12) vor den zu einem Erfolgsorgan, z.B. einem Muskel, ziehenden (motorischen) Aα-Fasern mit einem Durchmesser von 12 bis 20 µm ausfallen.

In Bezug auf das Gehirn kann man die Nervenbahnen in efferente (herausführende) und afferente (zuführende) Bahnen einteilen. Man spricht von motorischen und sensorischen Nerven, je nachdem, ob diese Bahnen Bewegung oder Empfindung vermitteln. Die zu den Drüsen ziehenden efferenten Bahnen werden als sekretorisch bezeichnet. Eine weitere Gliederung ist die Unterteilung in das autonome oder vegetative, der Willkür nicht unterworfene, und das somatische (willkürliche) Nervensystem.

3.5.4.2 Effekte am synaptischen Spalt

Die Erregungsübertragung durch die Nerven erfolgt nicht kontinuierlich, da das Grundbauelement, das Neuron, mit seinen langen Fortsätzen, den Neuriten, nur etwa 90 cm weit reicht. Die Übertragungsstelle von einer Nervenzelle auf eine fortleitende andere Nervenzelle, sowie vom Nerven auf eine Muskel- oder eine Drüsenzelle wird als S y n a p s e bezeichnet. Während die Erregungsübertragung im Nerven durch das wellenförmige Fortschreiten des Aktionspotentials erfolgt, geschieht die Signalübertragung in der Synapse durch chemisch definierte Botenstoffe oder Transmitter. Diese Substanzen haben eine Ventilfunktion, da sie die Erregung immer nur in einer Richtung vom Nervenende ausgehend auf das Folgeorgan übertragen.

Die Entdeckung der Signalübertragung durch einen chemischen Botenstoff gelang Otto Loewi im Jahre 1921. Dabei wurde ein isoliertes Froschherz benutzt, das in einer geeigneten Nährlösung einige Stunden weiterschlagen kann. Das isolierte Froschherz besaß außerdem noch den freipräparierten Nervenstrang des Vagus. Vagusnerven sind, neben den sympathischen Nerven, ein Teil des autonomen Nervensystems, das die unwillkürliche Steuerung des Herzens bewirkt. Reizt man den Vagusnerv mittels einer Elektrode, so verlangsamt sich der Herzschlag, und die Herzkraft nimmt ab, während eine Reizung des Sympathikus eine Steigerung des Herzschlags und der Herzkraft verursachen würde. Loewi entnahm dem Herzen alle 15 Minuten mit einer Pipette eine Probelösung, nachdem er vorher den Vagusnerv elektrisch gereizt hatte. Die gesammelten Probelösungen wurden nun später dem wieder normal schlagenden Froschherzen zugeführt. Die Wirkung der Probelösungen war die gleiche wie die einer direkten elektrischen Reizung des Vagus, nämlich eine deutliche Abnahme der Herzfrequenz und der Herzkraft. Loewi folgerte aus seinem Versuch, daß die Nervenreizung einen "Vagusstoff" freisetzt, der die Herzaktion verlangsamt und die Herzkraft senkt.

Dieser "Vagusstoff" konnte schon 1926 als Acetylcholin identifiziert werden, und der zur gleichen Zeit bereits vermutete Acceleranz-Stoff des Frosch-Sympathikus erwies sich später als Adrenalin. Bei den Säugetieren entdeckte Ulf S. von Euler 1946 das Noradrenalin als den entsprechenden Transmitter. In der Folgezeit wurden erst langsam, dann immer schneller weitere Transmitter aufgefunden. In Tabelle 9 sind einige dieser Substanzen als Agonisten aufgelistet.

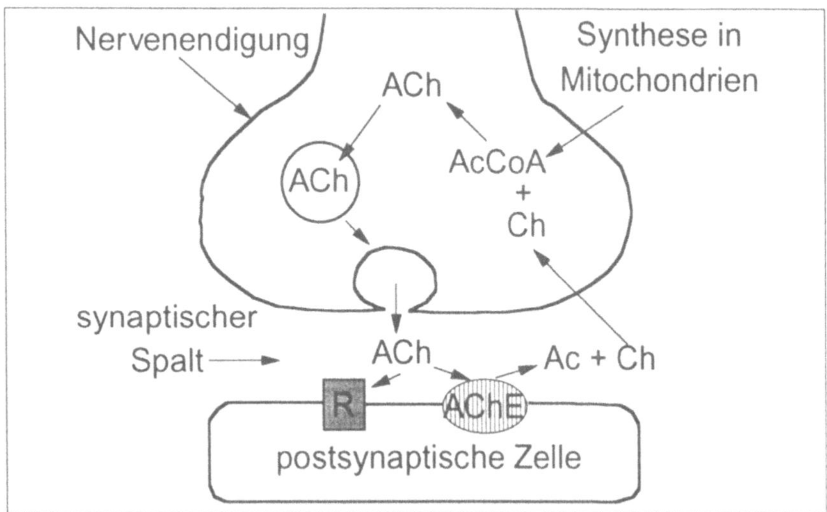

Abbildung 35. Schema eines synaptischen Spaltes. Acetylcholin (ACh) wird aus Cholin (Ch) und Acetyl-Coenzym A (AcCoA) synthetisiert und in Vesikeln gespeichert. Bei einem Nervenreiz erfolgt eine Freisetzung in den synaptischen Spalt, wo Acetylcholin mit dem Rezeptor (R) reagiert und durch die Acetylcholinesterase (AChE) in Acetat (Ac) und Cholin gespalten wird

Die Vesikel in den Nervenendigungen haben einen Durchmesser von ungefähr 40 nm und enthalten etwa 10 000 Acetylcholin-Moleküle. Wenn an der präsynaptischen Membran (Membran der Nervenendigung) ein Aktionspotential ankommt, löst es dort die Öffnung von spannungsgesteuerten Calciumkanälen aus. Dies bewirkt wiederum, daß die Vesikelmembranen mit der präsynaptischen Membran verschmelzen und gleichzeitig ihren Inhalt in den synaptischen Spalt freigeben. Der Spalt ist etwa 50 nm breit, so daß die Acetylcholin-Moleküle in weniger als 100 µs zur postsynaptischen Membran (Membran der Erfolgszelle) diffundieren können. Zur Auslösung eines wirksamen Signals am Rezeptor der postsynaptischen Membran müssen mindestens 100 solcher Vesikel ihren Inhalt gleichzeitig freigesetzt haben (etwa 10^6 Moleküle). Die Wirkung am Rezeptor wird durch das sich in der Nachbarschaft befindende Enzym Acetylcholin-Esterase terminiert. Die Spaltprodukte Acetat und Cholin haben keine Affinität mehr zum Rezeptor, und das Cholin wird durch einen eigenen Transportmechanismus in die Nervenendstrukturen wieder aufgenommen. Dort erfolgt mit Acetyl-Coenzym A aus dem Mitochondrienstoffwechsel und dem Enzym Cholinacetyltransferase eine Neusynthese von Acetylcholin, das schließlich in die Vesikel aufgenommen wird.

Die Mechanismen der Acetylcholinfreisetzung, der Aufnahme von Cholin in die Nervenendigungen sowie die Synthese des Acetylcholins und seine Speicherung in den Vesikeln sind in den verschiedenen Acetylcholintransmissionssystemen sehr ähnlich. So ist es auch verständlich, daß toxische Effekte auf diese Mechanismen die verschiedenen Systeme gleichzeitig betreffen.

Das Botulinustoxin, ein Gemisch von acht Proteinen von 135 bis 170 kD, gilt als das stärkste bekannte Gift (vgl. Tabelle 2). Es wird von dem anaeroben Clostridium botulinum (anaerobes Bakterium) gebildet. Seine Wirkung beruht darauf, daß es den Freisetzungsmechanismus des Acetylcholins aus den Vesikeln in den synaptischen Spalt blockiert. Die Folge sind Acetylcholinmangelsymptome, die denen einer Atropinvergiftung sehr ähnlich sind: starke Pupillenerweiterung, Doppelsehen, Sprach- und Schluckstörungen, Muskelschwäche, Atemnot und Krämpfe. Im Gegensatz zum Botulinustoxin bewirkt das Gift der Schwarzen Witwe, einer Giftspinne, eine vermehrte Acetylcholinausschüttung in den synaptischen Spalt auf Grund einer Calciummobilisation in die Nervenendigungen, die eine vermehrte Vesikelentleerung zur Folge hat.

Die Synapsen, die Acetylcholin als Transmitter benutzen, unterscheiden sich bezüglich der jeweilig unterschiedlichen Rezeptoren:

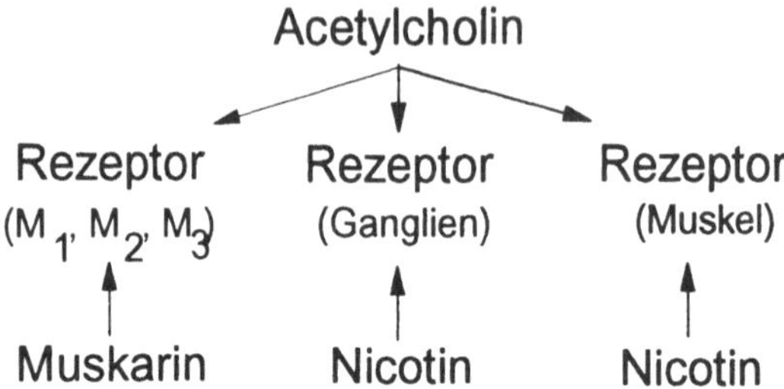

Die erste Gruppe der Acetylcholinrezeptoren in der obigen Darstellung sind die muskarinischen, die wegen ihrer Erregbarkeit durch Muskarin m-Acetylcholinrezeptoren genannt werden. Es gibt verschiedene Untertypen dieser Rezeptoren, die die Bezeichnung M_1, M_2, M_3 bis M_5, so viele sind bisher bekannt, tragen. Das Herz besitzt vorwiegend M_2-Rezeptoren, über die die Herzverlangsamung und die Abnahme der Herzkraft gesteuert wird. Die nicotinischen Rezeptoren umfassen zwei Gruppen von n-Acetylcholinrezeptoren. Die erste Ganglien-Gruppe hat Transmitterfunktion innerhalb der Nervenverbindung, und die zweite ist für die Transmission vom Nerv auf die Skelettmuskeln verantwortlich.

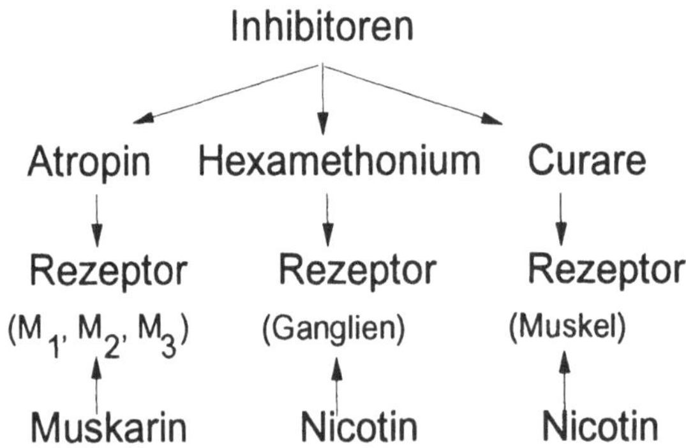

Eine Unterteilung der Acetylcholinrezeptoren ist auch, wie in dem obigen Schema gezeigt, durch selektive Inhibitoren möglich.

Dabei hat Atropin, ein Alkaloid der Tollkirsche (Atropa belladonna), in niedriger Konzentration bevorzugt kompetitive Hemmwirkung auf die m-Acetylcholinrezeptoren. Bereits Loewi benutzte es in seinem berühmtgewordenen Herzversuch, um die Wirkung seines "Vagusstoffes" zu antagonisieren. Der Name Atropin stammt von dem botanischen Systematiker Carl von Linné, der Atropa belladonna nach der dritten griechischen Schicksalsgöttin, Atropos, benannte. Die erste Göttin (Parze) ist Klotho, die Spinnerin des Lebensfadens, die zweite Lachesis, die den Lebensfaden zuteilt und die dritte Atropos, die Todes-Göttin, die den Lebensfaden abschneidet. 15 bis 20 Beeren der Tollkirsche können für einen Erwachsenen tödlich sein, für Kinder schon wenige Beeren.

Die beiden nicotinischen n-Acetylcholinrezeptoren können durch ihre Inhibitoren unterschieden werden. Dabei ist Hexamethonium

$$(CH_3)_3\,N^+ - (CH_2)_6 - N^+(CH_3)_3$$

ein starker Inhibitor für den nicotinischen Rezeptor in den Ganglien. Die sogenannte Polymethylen-Bismethonium-Verbindungsreihe, zu der auch das Hexamethonium gehört, wurde bei SAR-(structure-activity-relationship)-Studien zur Charakterisierung von nicotinischen Rezeptoren erfolgreich verwendet:

$$(CH_3)_3\,N^+ - (CH_2)_n - N^+(CH_3)_3$$

Die Anzahl der CH_2-Gruppen zwischen den beiden kationischen Stickstoffatomen bestimmt die spezifische Wirkung am Rezeptor. Eine Verlängerung der Zwischenglieder auf n = 10 (Dekamethonium) bewirkt, daß die Ganglienblockade verschwindet, dafür aber die Blockade der Muskelkontraktion einen maximalen Wert erreicht. Mit zehn CH_2-Zwischengliedern wird der gleiche molekulare Abstand zwischen den beiden kationischen Zentren erreicht, der auch im Curare-Molekül zwischen den beiden Stickstoffatomen vorhanden ist. Dieser Abstand ist also für das Anbinden am Rezeptor von großer Bedeutung. Curare hemmt mit hoher Affinität die Wirkung des Acetylcholins an dem nicotinischen Rezeptor, der im synaptischen Spalt an der postsynaptischen Membran des Muskels lokalisiert ist. Soll die Wirkung von Curare aufgehoben werden, so muß für einen Überschuß an Acetylcholin im synaptischen Spalt gesorgt werden.

3.5.4.3 Effekte auf die Acetylcholin-Esterase

Die Acetylcholin-Esterase hat nicht nur eine große toxikologische Bedeutung, sie steht auch bei einigen medizinischen Behandlungen im Mittelpunkt. Wenn Acetylcholin den Rezeptor erregt hat, so muß es innerhalb kurzer Zeit abgebaut werden, damit der Rezeptor wieder frei für die nächste Erregung wird. Die Acetylcholin-Esterase, die die Spaltung von Acetylcholin in Acetat und Cholin bewirkt, wurde 1938 von David Nachmansohn entdeckt.

Im synaptischen Spalt ist das Enzym von einem Netzwerk aus Kollagen und Glycosaminoglycan an die postsynaptische Membran gebunden und kann verhältnismäßig leicht vom benachbarten Acetylcholinrezeptor abgetrennt werden. Eine hervorstechende Eigenschaft des Enzyms ist seine hohe Wechselzahl von 25 000 s^{-1}, die bedeutet, daß ein Acetylcholinmolekül in 40 Mikrosekunden gespalten wird. Diese enorm hohe Wechselzahl ist notwendig, damit der Acetylcholinrezeptor wieder erregt werden kann. Synapsen können bis etwa 1 000 Impulse pro Sekunde übermitteln, dies ist jedoch nur möglich, wenn die Regenerationszeit einen Bruchteil einer Millisekunde beträgt.

Zur Aufrechterhaltung des normalen Tonus (Spannung) der glatten Muskulatur und der Skelettmuskulatur wird an den synaptischen Spalten der Muskeln, vorwiegend durch zentral ausgelöste Erregungen, ständig Acetylcholin freigesetzt und sofort von der Acetylcholin-Esterase gespalten. Hemmt man dieses Enzym und damit die Veresterung des Acetylcholins, so steigt der Tonus der glatten Muskulatur und der Skelettmuskulatur an. Eine solche Hemmung bewirkt z.B. das Physostigmin, ein Alkaloid aus dem Samen der Kalabarbohne. Diese Früchte wurden auch als Gottesurteil-Bohnen bezeichnet, weil sie von den Eingeborenen in Westafrika Schuldverdächtigen verabreicht wurden. Ein tödlicher Ausgang nach der Einnahme bewies dann die Schuld. Die größte Gefahr ist die Hemmung der Herzfunktion, wobei die Abnahme der Frequenz und der Herzkraft im Vordergrund stehen. Es kommt weiter zu Pupillenverengung, Ansteigen des Pulses und des Blutdrucks,

Schweißausbruch, Speichelsekretion, Tränensekretion, Muskelflattern, Erbrechen, Auftreten von Koliken und Durchfällen sowie zu einer Kontraktion der Bronchien mit Atemnot.

Das Physostigmin ist ein Carbaminsäureester, es hemmt die Acetylcholin-Esterase durch Carbamylierung des Serins im aktiven Zentrum. Das carbamylierte Enzym wird im Gegensatz zum sonst acetylierten Enzym nur sehr langsam hydrolysiert.

Der katalytische Mechanismus der Acetylcholinesterase ist sehr ähnlich dem der Peptidspaltung durch Chymotrypsin. Das Acetylcholin reagiert spezifisch mit einem Serin-Rest am aktiven Zentrum des Enzyms:

Serin
- CO - NH - CH - CO -
CH_2
HO

Acetylcholin: $CH_3 - N^+(CH_3)_2 - CH_2 - CH_2 - O - C(=O) - CH_3$

1 →

Serin
- CO - NH - CH - CO -
CH_2
O
C(=O) - CH_3
+
Cholin: $CH_3 - N^+(CH_3)_2 - CH_2 - CH_2 - OH$

2 →

Serin
- CO - NH - CH - CO -
CH_2
HO + H_3C - COOH

Abbildung 36 zeigt die Esterspaltung des Acetylcholins durch die serinhaltige Acetylcholin-Esterase

Bei der Reaktion ensteht eine Acyl-Zwischenverbindung (1), die sehr schnell zu Säure und Alkohol hydrolysiert (2) wird. Das anionische Zentrum, welches das positiv geladene Stickstoffatom des Acetylcholins bindet, ist die negativ geladene Carboxyl-Gruppe der Aminosäure Glutamin bzw. Asparagin.

3.5.4.4 Organische Phosphorsäureester (Alkylphosphate)

Die systematische Bearbeitung und gezielte Synthese organischer Phosphorverbindungen erfolgte 1934 durch G. Schrader (Firma Bayer, Elberfeld). Das Ziel von Schrader war es, Insektizide zu finden, die für den menschlichen Organismus weitgehend unschädlich sein sollten. Zu den synthetisierten Substanzen zählte unter anderen das Parathion (E 605: Diethyl-p-nitrophenyl-thiophosphat). Für die Chemie der damaligen Zeit stellten organische Phosphorverbindungen keine Neuheit mehr dar, da man das TEPP (Tetraethylpyrophosphat) schon seit 1854 kannte.

Die Untersuchungen lieferten jedoch auch Organophosphate, die für den menschlichen Organismus hochtoxisch waren. 1936 wurde die Substanz Tabun und 1939 Sarin synthetisiert:

$(CH_3)_2N$, $=O$, CH_3-CH_2-O, CN an P

Tabun

$(CH_3)_2HC-O$, $=O$, H_3C, F an P

Sarin

Ihre Bedeutung als Nervenkampfstoffe (Toxizitäts-Reihenfolge: Tabun < Sarin < Soman < Substanz VX) ist bis in unsere Tage erhalten geblieben. Sie hemmen die menschliche Acetylcholin-Esterase so wirksam, daß es durch Blockade der acetylcholinergen Nervenimpulse zu Lähmungen und zum Tod durch Ersticken kommt.

Die Organophosphate haben wegen ihrer vielseitigen Anwendungsmöglichkeiten als Insektizide großes toxikologisches Interesse gefunden. Sie werden als Kontaktinsektizide und Systeminsektizide im Pflanzenschutz in der Agrar- und Forstwirtschaft (Nahrungsmittel und Faserkonservierung), zur Seuchenbekämpfung (Malaria), als Fungizide (Pilzgifte) und gegen Ekto- und Endoparasiten in der Veterinärmedizin eingesetzt.

Gegenüber den chlorierten cyclischen Kohlenwasserstoffen (DDT und anderen Verbindungen) sind sie in zweierlei Hinsicht von Vorteil. Sie sind erstens biologisch abbaubar und werden zweitens weder innerhalb noch außerhalb von Lebewesen gespeichert. Auf der anderen Seite besteht jedoch der Nachteil, daß die große Toxizität dieser Insektizide im wesentlichen auch für den Menschen gilt, so daß beim Umgang mit diesen Stoffen eine besondere Vorsicht geboten ist. Es hat zwar Fortschritte bei der Synthese selektiver toxischer Substanzen gegeben, z.B. durch die Einführung selektiver Gruppen, die Ausnutzung verschiedener Aufnahmemechanismen oder die Kenntnis über die unterschiedliche Ausstattung mit inaktivierenden Enzymen. Trotz dieser Erfolge konnte man jedoch schädliche Wirkungen auf den Menschen nicht umgehen.

Die insektizid wirkenden Organophosphate zeichnen sich dadurch aus, daß ein Phosphorsubstituent bei physiologischen pH-Werten besonders leicht hydrolysiert. Allen organischen Phosphorsäure- und Phosphonsäureverbindungen, summarisch auch Organophosphate genannt, ist eine Grundstruktur gemeinsam, die von G. Schrader schon 1937 erkannt worden war:

R_1, R_2, X an P; =O (S)

R_1 = Alkoxy- R_2 = Alkoxy-, Alkyl-, Dialkylamido-	basische Gruppen
X = Halogen-, Cyanid-, Phenoxy-, disubstituiertes Pyrophosphat	acide Gruppen

Alkanoylgruppen sind als leicht abspaltbare Acylgruppen von Organophosphaten wichtig für die Reaktion mit allen serinhaltigen Enzymen. Toxikologisch betrachtet ist die Reaktion mit der Acetylcholin-Esterase die bedeutsamste. Nach Einlagerung in das aktive Zentrum der Acetylcholin-Esterase (siehe Abb. 36) wird die Acylgruppe abgespalten, und in bimolekularer Reaktion geht der Phosphatrest eine Esterbindung mit dem Serin-OH des Enzyms ein. Damit ist das Enzym nahezu irreversibel gehemmt. Das eigentliche Substrat des Enzyms, das Acetylcholin, kann dann nicht mehr hydrolisiert werden und reichert sich an den Rezeptoren an. Die Vergiftungssymptome erklären sich aus der

Anhäufung von freigesetztem Acetylcholin im synaptischen Spalt und der Wirkung des Acetylcholins auf die verschiedenen Acetylcholinrezeptoren.

Folgende Tabelle gibt einige Beispiele aus den über 50 verschiedenen Organophosphaten, die Einsatz finden:

Chemische Bezeichnung	Freiname (Anwendung)	LD_{50} (Ratte, mg/kg, oral)
Diethylparanitrophenyl-phosphat	Paraoxon (Anwendung am Auge)	3
Dimethyl-2,5,-dichlor-4-bromphenyl-thiophosphat	Bromophos (Insektizid)	4
Diethylparanitrophenyl-thiophosphat (E 605)	Parathion (Insektizid)	10
Dimethyl-2,2-dichlor-vinylphosphat	Dichlorvos, DDVP (Insektizid)	70
Dimethyl-S-methyl-carbamoylmethyl-dithiophosphat	Dimethoat (Insektizid)	300

Tabelle 13: Beispiele für organische Phosphorsäureester mit LD_{50}-Werten

Während die Halbwertzeit der Zwischenverbindung der Acetylcholin-Esterase mit Acetylcholin im Millisekundenbereich liegt, ist sie bei der Reaktion mit Alkylphosphaten in der Größenordnung von Tagen anzusetzen. Das bedeutet, daß die Acetylcholin-Esterase praktisch irreversibel inaktiviert wird und durch Neusynthese ersetzt werden muß.

Die toxische Wirkung hängt von der Lipophilie der Organophosphate, von ihrer Affinität zur Acetylcholin-Esterase und von der Hydrolysierbarkeit der aciden Esterkomponente ab.

Dabei steigt im allgemeinen die Aufnahme durch die Haut oder durch die Schleimhäute des Magen-Darmtrakts mit zunehmender Lipophilie an. Außerdem verbessert sie das Eindringen in die Synapsen an den Nervenendigungen bis in das Gehirn hinein.

Die Affinität der Organophosphate zur Acetylcholin-Esterase steigt durch strukturelle und polare Eigenschaften, z.B. das Anbinden an die anionische Stelle im aktiven Zentrum des Enzyms.

Die Abspaltung der aciden Esterkomponente ist entscheidend für die toxische Wirkung. Eine zu frühe spontane Abspaltung vermindert die toxische Konzentration. Phosphatester, die außer der aciden Esterkomponente noch eine zweite leicht hydrolysierbare Gruppe besitzen, sind extrem toxisch und lassen sich nicht vom Enzym abspalten. Beispiele hierfür sind chemische Kampfstoffe wie Tabun, Sarin und Soman. Dagegen läßt sich eine Organophosphatvergiftung mit Parathion durch frühzeitige Gabe von Pralidoxim (Oximtherapie) behandeln.

Abbildung 37 zeigt den Mechanismus der Dephosphorylierung des aktiven Zentrums der Acetylcholinesterase durch nukleophilen Angriff von Pralidoxim (1). Das Phosphoryloxim zerfällt in der Reaktion (2) zum Nitril und zur ungiftigen Dialkylphosphorsäure

4 Behandlungsprinzipien bei akuter Vergiftung

4.1 Einleitung

Die Häufigkeit von Notfällen auf internistischen Intensivstationen, hervorgerufen durch Intoxikationen, nimmt oft einen großen Anteil der Patienten von bis zu 50 % ein. Dabei zeigt die Gesamtzahl von Vergiftungen ansteigende Tendenzen. Den größten Anteil nehmen die Vergiftungen durch Arzneimittel ein. Tödliche Vergiftungen beim Erwachsenen erfolgen meist aus suizidaler Absicht. Eine große Häufigkeit haben dabei die Schlafmittel wie Benzodiazepine und Barbiturate, aber auch Psychopharmaka und Schmerzmittel.

Die graphische Darstellung gibt eine Übersicht von akuten Vergiftungsfällen, die aus einer Zusammenstellung des Schweizerischen Toxikologischen Informationszentrums von 1987 entnommen sind:

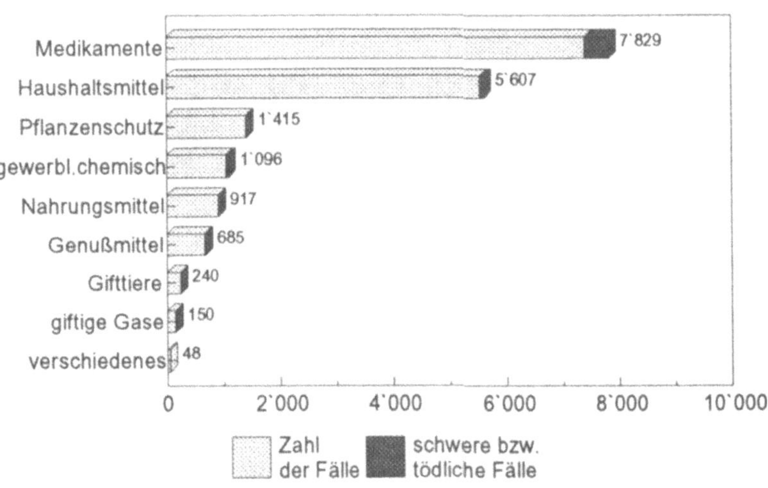

Abbildung 38 zeigt eine Übersicht von akuten Vergiftungsfällen in der Schweiz

Aus der graphischen Darstellung geht hervor, daß die Vergiftungen durch Medikamente mit 42 % an der Spitze stehen. Darauf schließen sich die Vergiftungen durch Haushaltsmittel mit fast 32 % an. Erst dann folgen die übrigen Vergiftungen, wobei die gewerblichen und chemischen

Vergiftungsfälle mit 6 % angegeben sind. In anderen Vergiftungsstatistiken ist die Aufstellung der Vergiftungsfälle nach "Erwachsene" und "Kinder" getrennt aufgeführt, dabei fällt auf, daß die Vergiftungen bei Kindern häufiger sind als bei Erwachsenen. Jedoch führen hier meist die Vergiftungen mit Pflanzenschutzmitteln und Herbiziden zum Tode.

Bei der Lektüre des Buches von Louis Lewin "Die Gifte in der Weltgeschichte" bekommt man einen Eindruck über die Verbreitung der Giftkenntnisse im Altertum bis in unsere Kulturgeschichte. In seinem Schlußwort auf Seite 579 stellt Levin heraus: "Die Zeit wird kommen, wo der Satz ganz erwiesen sein wird: Vergiftung ist eine örtliche oder allgemeine Krankheit, und eine natürliche Krankheit ist eine örtliche oder allgemeine Vergiftung".

Danach betrachtet ist das Gift ein unausrottbarer Feind des Menschen geworden. In der Vergangenheit waren kriminelle Vergiftungen von großer Bedeutung. Dagegen nehmen in der heutigen Zeit diese Risiken einen verschwindend kleinen Anteil ein.

4.2 Allgemeine Maßnahmen bei Vergiftungen

Bei keiner anderen Erkrankung ist der Zeitfaktor so wichtig wie bei der Behandlung einer Vergiftung. Rasches und zielbewußtes Handeln ist hier ausschlaggebend für die Rettung des Vergifteten.

Die Behandlung bei Vergiftungen erfolgt nach den drei Hauptgrundsätzen:

1.) Sofortige Entfernung des Giftes aus dem Körper
2.) Rasche Neutralisation des Giftes. Eventuell Gabe eines Antidots
3.) Symptomatische Behandlung der Giftwirkung

Dem sofort herbeigerufenen Arzt fällt die Hauptrolle dabei zu. In den meisten Fällen steht jedoch der Arzt zuerst telefonisch mit einem Helfer, einem Laien, in Kontakt. Die fünf wichtigsten Fragen des Arztes sind dann:

Wer (wie alt) und Standort ? - was wurde eingenommen ? - wieviel ? - wann ? - welche Vergiftungszeichen traten auf?

Oft können schon am Telefon Anweisungen gegeben werden, wodurch es gelingt, kostbare Zeit zur Einschränkung der Giftresorption zu gewinnen.

Während bei einem noch ansprechbaren Vergifteten die primären Entgiftungsmaßnahmen im Vordergrund stehen, muß beim Bewußtlosen auf die Sicherung der Vitalfunktionen geachtet werden, auch wenn der Arzt noch nicht zur Stelle ist. Der oder die Helfer leiten die entscheidenden Sofortmaßnahmen ein.

4.2.1 Erste Maßnahmen durch Laien, ABC-Regel

Bei Auffinden eines B e w u ß t l o s e n sind Behandlungsversuche durch Laien kontraindiziert. Dagegen muß alles getan werden, um die v i t a l e n F u n k t i o n e n des Vergifteten zu erhalten, ihn richtig zu lagern sowie schnellstmögliche Benachrichtigung eines Arztes oder des Rettungswesens. Eine gut zu merkende Anleitung für die Soforthilfe ist die ABC-Regel:

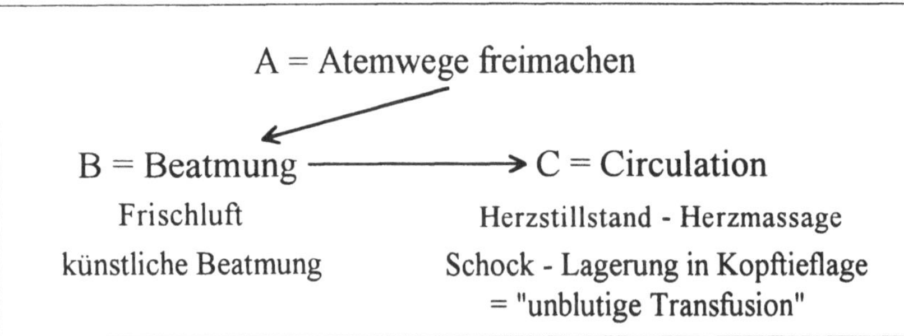

A.) Die A t e m w e g e s i n d f r e i z u h a l t e n bzw. freizumachen. Dem Bewußtlosen sind Zahnprothesen und Fremdkörper aus dem Mund zu nehmen. Bewußtlosen, die erbrochen haben, wird der Mund mit einem taschentuchumwickelten Finger vom Erbrochenen freigemacht.

Bewußtlose werden in die s t a b i l e S e i t e n l a g e gebracht, wobei der Kopf tiefer als der Oberkörper liegen soll, damit nicht der Zungengrund die Atemwege verlegen kann. Alternativ flache Bauchlage (ohne Kopfkissen oder Keil). Kopf zur Seite und nach hinten geneigt ("Blick nach oben").

Bei Bränden und giftigen Gasen sollte der Helfer nach Möglichkeit Brandschutzkleidung, Atemschutzmaske anlegen und mit einem Rettungsseil gesichert sein. Wegen einer möglichen Explosionsgefahr sind die elektrischen Sicherungen zu lösen (kein Licht anschalten!), sofort die Fenster zu öffnen oder einzuschlagen. Der Vergiftete soll so schnell wie möglich aus dem Raum geborgen werden.

B.) Nach dem Freimachen der Atemwege konzentriert sich alles auf das B e a t m e n. Bei schwacher Atmung sofort Frischluft zuführen. Wenn vorhanden, ist Sauerstoffbeatmung vorzuziehen.

M u n d - z u - M u n d - B e a t m u n g

Bei nicht ausreichender Spontanatmung muß sofort künstlich beatmet werden. Dazu gehört die M u n d - z u - M u n d - B e a t m u n g (bei Kindern Mund-zu-Nase). Hierbei wird bei dem auf den Rücken gelegten Vergifteten mit beiden Händen der Kiefer rücklings nach oben gezogen, der Kopf im Nacken möglichst weit nach hinten gebeugt, ein Taschentuch über den Mund gelegt, die Nase zugehalten und nach einem tiefen Atemzug des Helfers sowie Aufpressen seines Mundes auf den des Vergifteten die Ausatmungsluft voll dem Vergifteten zugeführt. Der Helfer holt nun erneut Luft und vermeidet durch seitliches Drehen seines Kopfes einen möglichen Kontakt mit der Ausatmungsluft (Blausäure etc.) des Vergifteten. *Selbstschutz!* Den Erfolg der Beatmung sieht man daran, daß sich der Brustkorb des Vergifteten hebt und senkt. Beim Erwachsenen beträgt die Beatmungsfrequenz 10 bis 15, bei Kindern 30mal pro Minute.

Bei Vergifteten mit blaugefärbten Lippen sollte auch schon bei vollem Bewußtsein sofort mit einer künstlichen Beatmung begonnen werden. Wenn ein Beatmungsbeutel vorhanden ist, so kann er anstelle einer Mund-zu-Mund-Beatmung eingesetzt werden. Man setzt das dreieckige Mundstück mit der Spitze nach oben auf Mund und Nase. Dabei zieht man den Unterkiefer mit derselben Hand nach oben und drückt mit der anderen Hand den Beutel etwa bis zur Hälfte zusammen.

C.) Um mit dem Alphabet fortzufahren, bedeutet C i r c u l a t i o n, den Kreislauf des Blutes aufrechtzuerhalten. Läßt sich der Puls am Handgelenk nicht tasten, muß man versuchen, den Puls an der Halsschlagader zu fühlen. Sind keine Herztöne an der entkleideten linken Brustseite zu hören und fehlt der Halsschlagaderpuls muß s o f o r t eine ä u ß e r e H e r z d r u c k m a s s a g e durchgeführt werden.

H e r z d r u c k m a s s a g e.
Der Bewußtlose liegt in flacher Rückenlage auf einer festen Unterlage (evtl. Fußboden). Man legt nun beide eigenen Handteller übereinander auf das unter Drittel des Brustbeins (!) des Bewußtlosen und drückt mit beiden Händen das Brustbein etwa 3 bis 5 cm in Richtung auf die Wirbelsäule. Beim Erwachsenen werden die ersten 10 Massagestöße mit einer Frequenz von 100, anschließend mit etwa 60 bis 80 pro Minute ausgeführt.

H e r z m a s s a g e u n d k ü n s t l i c h e B e a t m u n g.
Durch Herzmassage allein wird keine gleichfalls notwendige Lungenbeatmung erreicht. Ist nur ein Helfer vorhanden, so wird nach 15 Massagestößen zweimal beatmet; zwei Helfer beatmen nach 4 Massagestößen einmal.

Der Erfolg des Bemühens ist durch einen tastbaren Puls, ein Wiederkehren der Hautrötung, Pupillenreaktion und Wiederauftreten der spontanen Atembewegungen gekennzeichnet.

Setzten die Wiederbelebungsmaßnahmen unmittelbar nach dem Herzstillstand ein, so kann die Wiederbelebung noch nach stundenlangen Bemühungen erfolgreich sein, wenn mit 100 % Sauerstoff beatmet wurde.

S c h o c k b e h a n d l u n g.
Typische Zeichen eines Schocks sind aschgraue Haut, kalte Arme und Beine. Ein kaum tastbarer sehr schneller Puls mit über 100 Schlägen pro Minute. Eine sehr oberflächliche, schnelle

Atmung. Der Vergiftete kann im Schock sterben, daher sollte man stets dem Schock vorbeugen durch:

Ruhe und Wärme (Unterlage, Zudecke),
eine flache Lagerung mit dem Kopf tief und Beine hoch bewirkt, daß das Blut aus den Beinen zu Herz und Hirn fließt (körpereigene Bluttransfusion).

K r ä m p f e.
Krämpfe sind vor allem bei Kindern ein häufiges Symptom bei Vergiftungen. Der Laie kann versuchen, ein Taschentuch zwischen die Zahnreihen zu plazieren, um so Schäden zu vermeiden. Vergifteten festhalten, um Stürze zu vermeiden.

4.2.2 Kliniktransport, Asservierung

Nach den Sofortmaßnahmen ist der Vergiftete unverzüglich, möglichst unter ärztlicher Aufsicht, in eine Klinik zu transportieren. Bei Bewußtlosen erfolgt der Transport in stabiler Seiten- oder Bauchlage. In der Klinik muß alles unternommen werden, um:

- Die Giftresorption zu unterbinden

- Die Elimination des in den Organismus gelangten Giftes zu beschleunigen

- Durch geeignete Maßnahmen die gestörten Körperfunktionen zu normalisieren

Die eigentliche Therapie beginnt in der Klinik mit der Diagnose der Vergiftung. Die entsprechenden Maßnahmen der Behandlung hängen von den besonderen Eigenschaften der Gifte ab.

Am Vergiftungsort darf nicht vergessen werden, alles Material, das möglicherweise das Gift enthält, für einen eventuellen Giftnachweis oder für mögliche forensische (gerichtliche) Untersuchungen aufzubewahren (Asservierung).

Die Asservierung erfolgt in der Regel sofort am Vergiftungsort und schließt alle Giftreste einschließlich des Verpackunsmaterials ein, weiter muß das Erbrochene, Stuhl und Urin ebenfalls aufgehoben werden. Die Asservate werden beschriftet und nach Möglichkeit schon beim Transport des Vergifteten der Klinik mitgegeben.

Routinemäßig wird in der Klinik oder durch den Arzt am Ort, zusätzlich zu den Giftresten, Mageninhalt, Blut und Urin als Asservate sichergestellt. Dies sollte unbedingt noch vor der therapeutischen Gabe von Medikamenten geschehen sein.

4.2.3 Maßnahmen zur Verhinderung der Giftresorption

Allgemein gilt, daß es fast immer leichter ist, die Resorption bei einer Vergiftung zu verhindern als nachher die Elimination aus dem Blut zu beschleunigen.

4.2.3.1 Dekontamination der Haut

Bei Verdacht auf Hautkontakt mit einem Gift müssen sofort die kontaminierten Kleidungsstücke entfernt werden und eine möglichst ausgiebige Hautreinigung erfolgen. Kontaktflächen mit großen Mengen fließenden Wassers mindestens 10 Minuten lang spülen. Benetzte Haut mit Wasser und Seife reinigen. Bei Kontakt mit fettlöslichen Stoffen sowie Säuren oder Laugen sollte Roticlean (Ethylenglycol) verwendet werden.

Kein Benzin oder andere Lösungsmittel benutzen, welche die Resorption noch steigern könnten.

Bei Verätzungen möglichst schnell unter die Dusche gehen oder ein kaltes Vollbad nehmen.

Bei Verbrennungen mit Kleidung in kaltes Wasser springen. Bei Verbrennung der Extremitäten diese ebenfalls mindestens 15 Minuten unter fließendes kaltes Wasser halten. Danach keine Hautcremes, -puder oder -salben auftragen. Möglichst in Aluminiumfolie einwickeln bis zur Versorgung durch einen Arzt.

4.2.3.2 Augenverletzungen

Bei Augenverätzungen ist sofortiges Handeln erforderlich. Eine Spülung muß unter dem nächsten Wasserhahn mindestens 10 Minuten lang erfolgen. Dabei sollte eine Hilfsperson den Kopf halten und ein weitere Person sorgfältig die Lider spreizen. Der Wasserstrahl soll ohne größeren Druck in das Auge einfließen.

Danach kann man das Auge mit Lösungen spülen, z.B. mit einer 2 %igen Natriumhydrogencarbonatlösung, wenn Säuren ins Auge gelangt sind oder mit einer 1 %igen Essigsäure- bzw. einer 2 %igen Borsäurelösung bei Alkaliverätzungen. Falls vorhanden, können auch anschließend Isogutt-Augentropfen zur Pufferung von Säuren und Laugen benutzt werden. Sind Kalkwasserspritzer ins Auge gelangt, besteht die Gefahr einer Hornhauttrübung sowie einer Ablagerung von Calciumverbindungen auf der Oberfläche des Auges. In solchen Fällen hat sich die Behandlung mit Dinatrium-EDTA in 0.35 bis 1.85 %iger Lösung bewährt. Ebenfalls wird bei dieser Vergiftung eine neutrale 10 %ige Ammoniumtartratlösung benutzt. Sofort zum Augenarzt mit einem Deckverband über dem verletzten Auge.

Der Transport zum nächsten Augenarzt ohne die erste Hilfe einer ausreichenden Spülung kann den Verlust der Sehkraft bedeuten! Jede Augenverletzung durch Chemikalien muß ärztlich behandelt werden. Sofort nach einem Unfall den Transport organisieren mit Auskunft über die Chemikalie, die zur Augenverletzung geführt hat.

4.2.3.3 "Entschärfen" vor der Resorption

Provoziertes Erbrechen ist kontraindiziert:

> Bei oraler Aufnahme von Säuren, Laugen, Schaumbildnern (Spülmittel, Weichspüler etc.) und organischen Lösungsmitteln!

Die Substanzen werden durch Verdünnen, Adsorption und anderen Maßnahmen vor der Resorption oder während der Wirkung unschädlich gemacht.

Schaumbildner Waschmittel Spülmittel	1. Polydimethylsiloxan = Dimeticon (INN) Entschäumer, z.B. Sab simplex (5-30 ml)	2. Bei Verdacht auf Resorption Giftzentrale anrufen! oder Arzt befragen!
Lösungsmittel fettlösliche Gifte	1. Kohle/Abführmittel	2. Arzt
Säuren	1. Trinken von 2 bis 3 Liter Wasser,	2. Arzt
Laugen	1. Trinken von 2 bis 3 Liter Wasser	2. Arzt

Tabelle 14: "Entschärfende" Maßnahmen vor der Resorption

4.2.3.4 Provoziertes Erbrechen

Ein Erbrechen ist nicht angezeigt!

> Bei den unter "entschärfende Maßnahmen" aufgeführten Substanzen,
> bei Säuren und Laugen kommt es beim Erbrechen zu einer erneuten Verätzung der Speiseröhre,
> bei Lösungsmittelvergiftungen (Kohlenwasserstoffe, Benzin, Halogenwasserstoff) kann Erbrechen zum Lungenödem führen,
> bei Bewußtlosen und Benommenen,
> bei Atem- und Kreislaufschwäche.

Erbrechen auszulösen ist eins der ältesten Prinzipien, um mit der Nahrung oder oral aufgenommenes Gift schnell und möglichst vollständig zu entfernen. Diese Maßnahme ist besonders wirksam, wenn sie sofort nach der Giftaufnahme erfolgt. Der Brechreiz kann ausgelöst werden:

1.) Durch mechanische Reizung der Rachenwand
2.) Trinken von Kochsalzlösung. 2 Eßlöffel NaCl auf ein Glas lauwarmes Wasser. Kochsalz darf nicht bei Kindern unter 10 Jahren angewendet werden, es besteht die Gefahr der hyperosmotischen Dehydratation.

3.) Medikamentöse Maßnahmen

a.) Ipecacuanha-Sirup
b.) Apomorphin (nur durch den Arzt,
z.B bei Verdacht auf Methanolvergiftung).

	Mechanismus	Erfolgs-quote	Wirkungs-eintritt	Anwendung
Kochsalz	lokaler Reiz	unsicher	15 - 30 Min.	ab 10. Jahr
Ipecacuanha	lokaler Reiz, Brech-zentrum	etwa 90%	15 - 30 Min.	ab 2. Lebensjahr
Apomorphin	Brech-zentrum	etwa 90%	wenige Minuten	bei absoluter Indikation

Tabelle 15: Methoden zur Auslösung des Erbrechens

Vor Auslösung des Brechreizes sollte als erste Maßnahme bei verschluckten Giften zunächst viel Flüssigkeit getrunken werden. Hierzu ist praktisch jede Flüssigkeit geeignet, außer Milch oder alkoholische Getränke. Beim Erbrechen muß der Kopf tiefer als der übrige Körper hängen, damit kein Erbrochenes in die Luftröhre gelangen kann. Kinder am besten über die Knie eines Erwachsenen, Erwachsene quer über ein Bett oder einen Stuhl legen, keinesfalls sollte im Sitzen erbrochen werden. Das Erbrechen wiederholt man solange, bis sich zwischen Erbrochenem und der getrunkenen Flüssigkeit kein Unterschied zeigt. Das Erbrochene ist zur Asservierung aufzubewahren und mit in die Klinik zu bringen.

4.2.3.5 Entgiftung von wasserlöslichen Substanzen durch Kohle

Aktivkohle ist das meist gebrauchte und das wirksamste Adsorbens. Aufschlämmungen bis zu 50 g in 0.5 bis 1 Liter Wasser werden gut vertragen. Bei Kindern gibt man etwa 10 g Aktivkohle in 1 bis 2 Tassen Wasser. Aktivkohle kann praktisch nicht überdosiert werden. Diese Behandlung eignet sich auch im Anschluß an ein Erbrechen oder an eine in der Klinik vorgenommene Magenspülung. Aktivkohle bindet alle wasserlöslichen Substanzen. Nach ca. 24 Stunden wird jedoch diese Wirkung durch die Verdauungssäfte aufgehoben. Daher ist die gleichzeitige Gabe eines Abführmittels angezeigt.

Zusammen mit Aktivkohle kann Magnesiumoxid im Verhältnis 2 : 1 eingesetzt werden. Magnesiumoxid ist indiziert bei Vergiftung mit organischen Basen. Die Neutralisation der Magensäure durch Magnesiumoxid steigert bei Vergiftungen mit Basen die Wirkung der Aktivkohle, da die Adsorption organischer Substanzen am stärksten ist, wenn die Substanzen in der undissoziierten Form vorliegen. Die adsorbierenden Eigenschaften von Aktivkohle selbst werden dagegen durch Magnesiumoxid oder salinische Abführmittel wie Natriumsulfat praktisch nicht beeinflußt. Da salinische Abführmittel die Peristaltik (die wurmförmige fortschreitende Bewegung des Darmes) im gesamten Gastrointestinaltrakt fördern, können sie mit gutem Erfolg bei Vergiftungen eingesetzt werden. Als salinisches Abführmittel gibt man ca. 10 g Natriumsulfat in 100 ml lauwarmes Wasser gelöst. Bei Kindern 1 g Natriumsulfat pro Lebensjahr. Die abführende Wirkung tritt in etwa 3 bis 5 Stunden ein.

4.2.3.6 Magenspülung

Die Magenspülung wird durchgeführt bei stark bewußtseinsgetrübten Vergifteten, außerdem bei besonders gefährlichen Vergiftungen. Weiterhin im Anschluß an Erbrechen, um noch verbliebene Giftstoffe zu entfernen. Ist beim Versuch mit Kochsalzlösung kein Erbrechen eingetreten, so sollte unbedingt eine Magenspülung angeschlossen werden, da hierbei zusätzlich die Gefahr der NaCl-Vergiftung besteht.

Die Magenspülung gilt als die sicherste und schonendste Methode, um die Resorption des Giftes zu verhindern. Der Eingriff soll nur in einer Klinik ausgeführt werden!

Ist eine Magenspülung nicht durchführbar, bieten sich noch folgende Verfahren an:

Einführen einer dünnen Sonde über Nase/Mund;
Mageninhalt absaugen mit einer großen Spritze;
Kohle/Natriumsulfat/Sab Simplex verabreichen.

Kontraindikationen für eine Magenspülung sind:

Laugen- und Säureverätzung, Lösungsmittel, Schaumbildner.

4.3 Maßnahmen nach erfolgter Giftresorption

Ist das Gift resorbiert, muß versucht werden, die Wirkung zu unterbinden (Antidot) und das Gift zu eliminieren. Oft sind die Maßnahmen zwischen Aufnahmehemmung und Entgiftung fließend.

	Substanz/Präparat	Anwendung
Hausarzt	Aktiv-Kohle:	verschluckte Gifte
	Dexamethason-Spray:	eingeatmete Gifte
	Roticlean, Detergentien	Hautgifte
	Chibro-Kerakain (Lokalanästhetikum):	Augengifte
	Isogutt (Pufferlösung):	Augengifte
Notarzt	Atropin:	Alkylphosphate
	Natriumthiosulfat 10%, S-hydril (evtl. mit 4-DMAP):	Brandgase, Blausäure, Cyanide
	Calciumglukonat:	Flußsäure
	Dimaval, Sulfactin (Dimercaprol, BAL):	Schwermetalle
	4-DMAP (4-Dimethyl-aminophenol):	Schwefelwasserstoff
Klinik	Anticholium (Physostigmin):	Atropin
	Toluidinblau:	Methämoglobinbildner
	Antidotum Thallii Heyl, Radiogardase-Cs:	Thalliumvergiftung

Tabelle 16: Einige Antidotpräparate und ihr Einsatz

4.3.1 Behandlung mit Antidoten (Gegengifte)

Als Antidote im engeren Sinne werden solche Substanzen bezeichnet, die spezifisch die Toxizität resorbierter Gifte aufheben oder zumindest vermindern können. Ein Antidot kann ein Gift chemisch neutralisieren oder binden (Adsorption), seine Wirkung antagonisieren (Rezeptorantagonismus) oder die toxischen Folgen aufheben (Oxime als Reaktivatoren bei Organophosphatvergiftung). Spezifische Antidote stehen nur für wenige Vergiftungen zur Verfügung. Außerdem können die Antidote selbst toxisch wirken und dürfen daher nur gezielt eingesetzt werden. Weiterhin ist zu beachten, daß Antidote und Gifte in ihrer Ausscheidungskinetik unterschiedlich sein können. So können z.B. Vergiftungssymptome erneut auftreten, wenn das Antidot eine kürzere Halbwertzeit als das Gift aufweist und nicht rechtzeitig eine weitere Gabe des Antidots verabreicht wird.

4.3.2 Chelatbildner, Therapie der Schwermetallvergiftung

Die wichtigsten Antidote bei Schwermetallvergiftungen sind die Chelatbildner. Chelate sind Komplexverbindungen von mehrwertigen Schwermetallen, wobei mehrere organische Liganden ein- und desselben Moleküls auf ein Metallatom gerichtet sind. So entsteht unter Ausbildung eines heterocyclischen Ringes eine besondere Art von Komplex (Chelat).

Die Chelatbildner besitzen keine absolute Spezifität für ein bestimmtes Schwermetall, wohl aber eine relative, die bei der Therapie ausgenutzt werden kann. Außerdem laufen in einem Organismus eine Reihe von Nebenreaktionen ab, welche die Chelatbildung am Schwermetall selbst oder beim Chelatbildner beeinflussen können. Das Schwermetall kann durch folgende Nebenreaktionen an der Komplexierung mit dem Chelatbildner gehindert werden:

- Metallkomplexbildung mit verschiedenen Ionen wie Hydroxid, Hydrogencarbonat oder Phosphat.

- Komplexbildung mit einer Reihe körpereigener Substanzen wie Dicarbonsäuren, Glutathion, SH-haltige Aminosäuren, Proteine und Membranen.

- Außerdem kann die Affinität eines Schwermetalls durch Oxidation und Reduktion im Organismus verändert werden.

Für den therapeutisch eingesetzten Chelatbildner müssen folgende Nebenreaktionen in Betracht gezogen werden:

- Körpereigene essentielle Metalle wie Kupfer, Zink, Magnesium oder Calcium konkurrieren mit dem giftigen Schwermetall um die Liganden.

- Weiterhin konkurrieren auch Protonen mit den Liganden. Somit ist die Stabilität eines Schwermetall-Chelat-Komplexes vom pH-Wert der biologischen Flüssigkeit abhängig. Von praktischer Bedeutung ist die Instabilität solcher Komplexe in saurem Harn. So können in der Niere freigesetzte Metalle zu sekundären Schwermetallschädigungen führen.

Aus den oben genannten Gründen ist im Organismus die Stabilitätskonstante gegenüber der in wässrigen Lösungen bestimmbaren meist um einige Zehnerpotenzen niedriger. Für den EDTA-Blei-Komplex wird z.B. anstelle von log K = 18.2 in wässrigen Lösungen nur ein log K von ungefähr 6.3 im Organismus zu erwarten sein.

Für die Liganden-Präferenz der Schwermetalle kann eine nützliche Verallgemeinerung abgeleitet werden:

"weich"	"mittel"	"hart"
Hg^{2+}, Au^{+}, Pt^{2+},	Cu^{2+}, Zn^{2+}, Ni^{2+}, Co^{2+}, Cr^{3+},	Fe^{3+}, Al^{3+}, Ga^{3+},
Pd^{2+}, Ag^{+},	Pb^{2+}, Sn^{2+}, Cd^{2+}, Cu^{+},	VO_2^{+} (VO_3^{-}), Be^{2+},
Platin-Gruppe	As^{3+}, Sb^{3+}, Bi^{3+}, Tl^{+}, In^{+},	UO_2^{2+}, Sr^{2+}, Y^{3+},
	andere Übergangsmetalle	Th^{4+}, Ce^{4+}, La^{3+},
		In^{3+}, Ra^{2+}, Pu^{4+}

Tabelle 17: Charakter toxischer Metall-Ionen betreffend die Ligandenbildung

Metallkationen vom Typ der "harten Säuren" (Tabelle rechts) bilden in wässrigen Lösungen vorzugsweise Komplexe mit "harten Basen", insbesondere mit Fluorid-Ionen oder mit Liganden, die Sauerstoff-Atome enthalten. Sie zeigen eine geringe Tendenz, mit Schwefel und Stickstoff eine Bindung einzugehen.

Dagegen zeigen die "weichen Säuren" (Tabelle links) eine besondere Präferenz für Schwefel-Liganden. Ein typisch hartes Metall ist Fe^{3+} und ein typisch weiches Hg^{2+}. Dazwischen befinden sich Ionen von mittlerem Charakter wie Pb^{2+}, Cu^{2+} und Zn^{2+}.

Eine für die Therapie wichtige Akzeptor-Präferenz der Chelatform läßt sich der folgenden Tabelle entnehmen:

Chelator	Metall
2,3-Dimercaptopropanol (BAL) 2,3-Dimercaptopropran-1-sulfonat-Na 2,3-Dimercaptobernsteinsäure	Typ weich: Hg^{2+}, As^{3+}, Sb^{3+}, Bi^{3+}
D-Penicillamin N-Acetyl,D,L,Penicillamin N-Acetyl-L-Cystein	Typ weich und "mittel": Hg^{2+}, Cu^{2+}, Ni^{2+}, Zn^{2+}, Au^{+}
Ethylendiamintetraacetat (EDTA) Diethylentriaminpentaacetat (DPTA) und analoge Verbindungen	Typ hart und "mittel": Al^{3+}, Ca^{2+}, Pb^{2+}, Cu^{2+}, Zn^{2+}, Pu^{4+}
Deferoxamin (Desferal)	Typ hart: Fe^{3+}, Al^{3+}, Ga^{3+}

Tabelle 18: Toxische Schwermetalle und Chelatoren

Die Bezeichnung BAL bedeutet British Anti Lewisite und kommt aus der Kampfstoff-Chemie. Bei Versuchen zur Entgiftung eines arsenhaltigen Kampfstoffes ($Cl \cdot CH = CH - AsCl_2$), dem Lewisite, entwickelten englische Biochemiker um 1940 ein hochwirksames Antidot, das 2,3-Dimercaptopropanol (Dimercaprol). Ein Ausgangspunkt ihrer Untersuchungen war die Erkenntnis, daß SH-Verbindungen Arsenvergiftungen günstig beeinflussen.

BAL ist eine übelriechende, leicht zersetzliche Substanz, die vor der Injektion in Öl gelöst werden muß. Es bildet zwar stabile, relativ untoxische Komplexe mit Metallen wie Arsen und Quecksilber, aber das Chelat ist nur wenig wasserlöslich. Wird BAL bei Vergiftungen mit Quecksilbersalzen eingesetzt, nimmt die Quecksilberkonzentration im Hirn zu. Während Quecksilber-Ionen die sogenannte Blut-Hirn-Schranke nur sehr schwer permeieren, überwindet der relativ lipophile Dimercapto-propanol-Quecksilber-Komplex diese Barriere gut. Trotz der dadurch erzeugten hohen Quecksilberkonzentration im Hirn kommt es nicht zu toxischen Erscheinungen, da die Stabilität der Bindung von Quecksilber an BAL gewährleistet ist, solange BAL im Überschuß vorliegt. Wegen der schnellen Ausscheidung von BAL zielt die Therapie darauf ab, stets einen Überschuß im Organismus aufrechtzuerhalten.

Bei der Entgiftung von Schwermetallen gelten folgende therapeutische Ziele:

Loslösung der Schwermetalle aus funktionell wichtigen Bindungsorten durch höhere Affinität zum Chelatbildner.

Abfangen und Inaktivierung zirkulierender Schwermetalle.

Mobilisierung von Metallen aus ihren Depots, in denen sie in nicht aktiver Form vorliegen.

Rasche Ausscheidung der gebildeten Schwermetall-Chelate in Harn, Galle und Kot.

Vom Chelatbildner wird dabei folgendes verlangt:

Eine hohe Bindungskonstante für die toxischen Schwermetalle.
Eine gute Löslichkeit und leichtes Vordringen bis zu den Bindungsorten.
Eine gute Harn- und Gallengängigkeit, sowie Stabilität bis pH 4 (Urin).
Eine geringe Toxizität für den Organismus.

Schließlich können als allgemeine Richtlinien bei der Therapie gelten:

Die Dosierung des Chelators soll sich an der aufgenommenen Menge an Schwermetall ausrichten, da sich Metalle und Chelatbildner gegenseitig entgiften.

Auf mögliche Verluste an essentiellen, körpereigenen Schwermetallen wie Kupfer, Zink, Magnesium und Calcium sowie auf Nebenwirkungen soll geachtet werden.

Die Metallausscheidung muß durch ständige Analyse der Ausscheidung in Harn und Kot kontrolliert werden.

Die Chelatbildner nehmen in der Therapie der Schwermetallvergiftung einen bedeutenden Platz als Antidote ein. Das Prinzip der gleichzeitigen Entgiftung und Ausscheidung läßt sich durch kein anderes Verfahren ersetzen.

4.3.3 Sekundäre Giftelimination

Die nachfolgenden Behandlungsverfahren sind nur in einer entsprechend eingerichteten Klinik durchführbar, sie folgen immer den primären Entgiftungsmaßnahmen. Es handelt sich dabei um die forcierte Urinausscheidung (Diurese) und die extrakorporalen Methoden wie Hämodialyse, Hämoperfusion und Plasmafiltration.

4.3.3.1 Forcierte Diurese

Der Wirkungsmechanismus ist eine Hemmung der Rückdiffusion des Giftes in der Niere und eine verstärkte Diurese nach erhöhter Flüssigkeitszufuhr und nach Verabreichung eines den Harnfluß steigernden Medikaments (starkes Diuretikum, z.B. Lasix). Um die Rückdiffusion zu verhindern, wird der pH-Wert des Urins verändert.

Die Anwendbarkeit der Methode beschränkt sich auf Gifte, die gut wasserlöslich sind, nur wenig an Proteine gebunden werden und nur ein kleines Verteilungsvolumen besitzen. Die gleichen Voraussetzungen werden auch bei der Hämodialyse gefordert. Die primäre Filtration durch die Niere hat hier also bereits einen hohen Anteil bei der Ausscheidung. Verändert man zusätzlich durch Zufuhr alkalisierender bzw. acifizierender Substanzen den pH-Wert des Urins, um den Ionisierungsgrad der zu eliminierenden Substanz und damit ihre Ausscheidung zu erhöhen, so spricht man von forcierter alkalischer bzw. forcierter saurer Diurese. Eine Alkalisierung des Harns kann mit Natriumhydrogencarbonat und eine

Ansäuerung mit Ascorbinsäure erreicht werden. Es wird eine Urinausscheidung von insgesamt 12 Litern pro Tag angestrebt. Der Harnfluß läßt sich außer durch Flüssigkeitszufuhr ganz wesentlich durch ein starkes Diuretikum steigern.

Bei einer Vergiftung mit dem Psychopharmakon Meprobamat führt man eine neutrale forcierte Diurese durch, bei Vergiftungen mit Phenobarbital, Salicylaten und Herbiziden vom Typ der Phenoxyessigsäure-Derivate kommt eine forcierte alkalische Diurese zur Anwendung.

Voraussetzungen sind eine ausreichende Nierenfunktion, stabile Herz- und Kreislaufverhältnisse, Ausschluß eines Hirnödems und akuter Krampfanfälle. Die Überwachung des Vergifteten bei der forcierten Diurese muß wegen der großen Gefahr der Überwässerung und der damit verbundenen Gefahr der Entwicklung eines Lungen- und Hirnödems besonders sorgfältig sein.

4.3.3.2 Hämodialyse und Hämoperfusion

Diese Verfahren der extrakorporalen Entgiftung kommen in Betracht, wenn der Vergiftete in Lebensgefahr oder in tiefer Bewußtlosigkeit ist und beatmet werden muß. Dieses invasive Verfahren wird durchgeführt, wenn eine kritische Konzentration des Giftes im Blut vorliegt.

Bei der Hämodialyse läßt man ungerinnbar gemachtes Blut aus einer Arterie in ein extrakorporales Dialysiergerät (künstliche Niere) fließen, wo das Gift dialysiert wird, und leitet es danach in eine Vene zurück.

Indikationen für eine Hämodialyse sind z.B. lebensbedrohliche Vergiftungen mit Methanol, Ethanol, Ethylenglykol und Isopropanol.

Bei einer Hämoperfusion wird ebenfalls extrakorporal ungerinnbar gemachtes Blut über speziell präparierte Adsorbentien geleitet, welche die Gifte binden. Die Perfusionsdauer beträgt 4 bis 6 Stunden.

Diese Methode ist oft mit gutem Erfolg auch bei Vergiftungen mit lipophilen Substanzen anwendbar. Nachteilig ist, daß neben den Giftstoffen auch körpereigene Stoffe und Blutplättchen adsorbiert werden.

4.4 Informationszentren für Vergiftungsfälle in der Bundesrepublik Deutschland (Stand 1998)

Informationszentren für Vergiftungsfälle mit 24-Stunden-Dienst

13353 Berlin
Universitätsklinikum Rudolf Virchow
Humboldt-Universität Berlin
Station 43 b (Internist. Intensivstation)
Augustenburger Platz 1
Tel.: (030) 450-53555 / 450-53565
Telefax: (030) 450-53909

14050 Berlin
Beratungsstelle für Vergiftungs-
erscheinungen und Embryonaltoxikologie
(ITOX im BBGes)
Spanndauer Damm 130
Tel.: Zentrale: (030) 19240
Telefax: (030) 30686-721

53113 Bonn
Informationszentrale gegen Vergiftungen
Zentrum für Kinderheilkunde
der Rheinischen Friedrich-Wilhelms-Universität
Adenauerallee 119
Tel.: (0228) 2873211 / 2873333
Telefax: (0228) 2873314

99089 Erfurt
Giftnotruf Erfurt
Gemeinsames Giftinformationszentrum der Länder
Mecklenburg-Vorpommern, Sachsen,
Sachsen-Anhalt und Thüringen
c/o Klinikum Erfurt
Nordhäuser Straße 74
Tel.: (0361) 730730
Telefax: (0361) 7307317

79106 Freiburg
Informationszentrale für Vergiftungen
Universitäts-Kinderklinik
Mathildenstraße 1
Tel.: Zentrale (0761) 2704300/270-4301, Tel.: (0761) 19240/2704361
Telefax: (0761) 2704457

37075 Göttingen
Giftinformationszentrum-Nord der Länder
Bremen, Hamburg, Niedersachsen
und Schleswig-Holstein (GIZ-NORD)
Georg-August-Universität, Zentrum Pharmakologie und Toxikologie
Robert-Koch-Straße 40
Tel.: (0551) 383180/19240
Telefax: (0551) 3831881

66421 Homburg/Saar
Universitätskinderkliniken
Klinik für Kinder- und Jugendmedizin
Tel.: (06841) 19240
Telefax: (06841) 168314

55131 Mainz
Universitätsklinikum
Beratungsstelle bei Vergiftungen
Klinische Toxikologie
Langenbeckstraße 1
Tel.: (06131) 19240/232466
Telefax: (06131) 232469/232468

81675 München
Giftnotruf München
(Toxikologische Abteilung der
II. Medizinischen Klinik rechts der Isar der TU)
Ismaninger Straße 22
Tel.: (089) 19240
Telefax: (089) 4140-2467

90419 Nürnberg
II. Medizinische Klinik des Städtischen Klinikums
Toxikologische Intensivstation
Flurstraße 17
Tel.: Zentrale (0911) 3980, Tel.: (0911) 3982451
Telefax: (0911) 3982205

Toxikologische Laborzentren mit 24-Stunden-Dienst

34117 Kassel
Untersuchungs- u. Beratungsstelle für Vergiftungen
Labor Dr. med. M. Hess und Kollegen
Karthäuserstraße 3
Tel.: (0561) 9188-320
Telefax: (0561) 9188-199

41061 Mönchengladbach
Toxikologische Untersuchungsstelle
Gemeinschaftspraxis für Labormedizin und Mikrobiologie
Dr. Stein und Partner, Wallstraße 10
Tel.: Zentrale: (02161) 81940
Telefax: (02161) 819450

Mobile Gegengift-Depots

81675 München
Toxikologische Abteilung II.Medizinische Klinik rechts der Isar der TU
Ismaninger Straße 22
Tel.: (089) 19240 oder über Berufsfeuerwehr
München (innerhalb des Ortsnetzes): 112
Telefax: (089) 4140-2467

46047 Oberhausen
Berufsfeuerwehr Oberhausen
Brücktorstraße 30
Tel.: (0208) 8585-1 / 19222
oder Notruf (innerhalb des Ortsnetzes): 112

5 Glossar

ADI: "Acceptable daily intake" oder auf Deutsch ATD: "annehmbare tägliche Dosis". Angabe der gesetzlich festgelegten Höchstmenge eines Fremdstoffes, der täglich als Summe über die verschiedenen Aufnahmewege in den menschlichen Organismus gelangen darf, ohne Schaden zu verursachen.

BAT-Wert: "Biologischer Arbeitsplatz-, auch Arbeitsstofftoleranzwert". Der BAT-Wert ist die Konzentration eines Stoffes oder seines Umwandlungsproduktes im Körper oder die dadurch ausgelöste Abweichung eines biologischen Indikators von seiner Norm, bei der im allgemeinen die Gesundheit der Arbeitnehmer nicht beinträchtigt wird. Wie bei MAK-Werten wird auch bei BAT-Werten in der Regel eine Belastung durch den Gefahrstoff von maximal 8 Stunden täglich und 40 Stunden wöchentlich zugrundegelegt. Sie sind Höchstwerte für reine Stoffe, die über die Lunge und/oder andere Körperoberflächen in nennenswertem Ausmaß in den Organismus gesunder Einzelpersonen gelangen. In der Regel werden BAT-Werte für Blut und/oder Harn definiert. Sie können angegeben sein als Konzentrationen, Bildungs- oder Ausscheidungsgeschwindigkeiten.

ED_{50} : "Effektive Dosis". Diejenige Konzentration, bei der 50 % der Individuen eines Kollektives eine pharmakologische Wirkung zeigen.

LC_{50} : "Letale Konzentration". Konzentration eines Giftstoffes in der Gasphase, die nach Aufnahme über die Atemwege bei Versuchstieren innerhalb eines bestimmten Zeitraumes den Tod der Hälfte der Versuchstiere zur Folge hat. Die Angabe erfolgt hier in dieser Form, da sich im allgemeinen die aufgenommenen Mengen des Giftstoffes in den Tieren nur schwer bestimmen lassen.

LD_{50} : "Letale Dosis". Konzentration eines Stoffes, die zum Tode von 50 % der exponierten Versuchstiere führt.

LOEL: "Lowest observed effect level". Niedrigste Konzentration, die eine beobachtbare Wirkung auslöst.

MAK-Wert: "Maximale Arbeitsplatzkonzentration". Der MAK-Wert ist die höchstzulässige Konzentration eines Arbeitsstoffes als Gas, Dampf oder Schwebstoff in der Luft am Arbeitsplatz, die nach dem gegenwärtigen Stand der Kenntnis auch bei wiederholter und langfristiger, in der Regel achtstündiger Exposition, jedoch bei Einhaltung einer durchschnittlichen Wochenarbeitszeit von 40 Stunden, im allgemeinen die Gesundheit der Beschäftigten nicht beeinträchtigt und diese nicht unangemessen belästigt. MAK-Werte sind Grenzwerte, die aufgrund der wissenschaftlichen Empfehlungen zu den toxikologischen Eigenschaften der Stoffe von der "Senatskommision zur Prüfung gesundheitlicher Arbeitsstoffe" der Deutschen Forschungsgemeinschaft festgelegt werden. Für Arbeitsstoffe, die als krebserzeugend nachgewiesen sind, und Stoffe mit begründetem Verdacht auf krebserregendes Potential werden in den meisten Fällen keine MAK-Werte angegeben. Solche Stoffe sowie Stoffe mit Risiko zur Fruchtschädigung und erbgutverändernde Arbeitsstoffe werden in eigenen Tabellen besonders gekennzeichnet.

MIK-Wert: "Maximale Immisionskonzentration". Immisionen sind auf Menschen, Tiere und Pflanzen, den Boden, das Wasser, die Atmosphäre sowie Kultur- und Sachgüter einwirkende Luftverunreinigungen, Geräusche, Wärme, Strahlen und ähnliche Umwelteinwirkungen. Die MIK-Werte sind Richtwerte und basieren auf einem mehr oder weniger großen Wissens- und Erfahrungsstand, z.B. für Schadstoffe in Nahrungsmitteln oder für den Gehalt an Schwermetallen im Boden. Bei der Einhaltung dieser Werte ist der Schutz des Menschen und seiner Umwelt nach derzeitigem Wissenstand gewährleistet.

NOEL: "No observed effect level". Konzentration, unterhalb derer keine Wirkung meßbar ist. Die NOEL-Konzentration darf allerdings nicht gleich dem NEL: "No effect level" gesetzt werden, da möglicherweise Schadstoffwirkungen aufgrund zu unempfindlicher Meßmethoden nicht entdeckt werden. Als NOAEL: "No observed adverse effect level" gilt die Konzentration, die gerade noch keine feststellbaren nachteiligen Wirkungen verursacht.

pT_{50} : "potentielle Toxizität". Analog dem pH-Konzept drückt der Wert pT_{50} den negativen Logarithmus des LD_{50}-Wertes aus. Der LD_{50}-Wert ist gleichzusetzen mit dem T_{50}-Wert.

Risiko: "Risk-Assessment". Die Risiko-Abschätzung eines Stoffes läßt sich in 4 Abschnitte einteilen. Zuerst erfolgt eine Identifizierung und Charakterisierung der toxischen Wirkungen. Zweitens gibt die Dosis-Wirkungsbeziehung Auskunft über Exposition und Ausmaß der Wirkung. Dies dient auch zur Festlegung der Meßgröße NOEL (no observed effect level). Drittens erfolgt eine Expositionsmessung und Abschätzung der Stoffaufnahme am Menschen, und viertens geschieht schließlich die Charakterisierung und Quantifizierung des Risikos. Dabei wertet der letzte Abschnitt die Informationen und die Analysen der ersten drei Abschnitte aus.

"Short-Term-Tests": Darunter versteht man Kurzzeittestmethoden zur Prüfung von Substanzen auf mutagene und krebserregende Eigenschaften. Diese "Short-Term-Tests" können an Prokaryonten, Eukaryonten, kultivierten Warmblüterzellen und in vivo an Nagern und Insekten durchgeführt werden. Dabei werden durch die Substanz erzeugte Genmutationen und Chromosomenaberrationen erfaßt. Die größte Bedeutung haben Tests an mutierten Bakterienkulturen erlangt. In Gegenwart von mutagenen Substanzen kann es zu Rückmutationen kommen (Ames-Test).

TD_{50}-Wert: "Toxische Dosis". Die Konzentration, bei der 50 % der reagierenden Individuen eine toxische Wirkung zeigen. Unglücklicherweise wird in einigen Lehrbüchern mit der gleichen Bezeichnung TD_{50}-Wert: "Tumor Dosis" die Konzentration angegeben, die zum Auftreten von Tumoren bei 50 % der behandelten Tiere führt. Dies kann zu Verwechslungen beitragen.

TRK-Wert: "Technische Richtkonzentration". Da für krebserzeugende Arbeitsstoffe keine MAK-Werte ermittelt werden können, werden für diese und für krebsverdächtige Stoffe sogenannte TRK-Werte aufgestellt. Der TRK-Wert ist diejenige Konzentration eines gefährlichen Stoffes in der Luft am Arbeitsplatz, die nach dem Stand der Technik erreicht werden kann. Auch dieser Luftgrenzwert kann sich auf den Stoff als Gas, Dampf, oder Schwebstoff in der Atemluft beziehen. Das Ziel ist auch bei diesen Grenzwerten, einen Anhalt für zu treffende Schutzmaßnahmen am Arbeitsplatz zu geben, um das Risiko einer Beeinträchtigung der Gesundheit des Arbeitnehmers zu vermindern; dabei läßt sich aber ein Restrisiko nicht ausschließen.

6 Literaturverweise

Amdur, M.O., Doull, J., Klaassen, C.D. (Eds): Casarett and Doull's Toxicology. The Basic Science of Poisons. 4. Edn., New York: Pergamon Press 1993

Ariëns, E.J., Mutschler, E., Simonis, A.M. : Allgemeine Toxikologie. Stuttgart: Thieme Verlag 1978

Birgersson, B., Sterner, O., Zimerson, E.: Chemie und Gesundheit. Weinheim: VCH Verlagsgesellschaft mbH 1988

Clark, A.J. : in Handbuch der Experimentellen Pharmakologie, Vierter Band, General Pharmacology. Berlin: Verlag von Julius Springer 1937

Daunderer, M. : Akute Intoxikationen. 2. Aufl. München, Wien, Baltimore: Urban und Schwarzenberg 1980

Dekant, W., Vamvakas, S.: Toxikologie für Chemiker und Biologen. Heidelberg, Berlin, Oxford: Spektrum Akademischer Verlag 1994

Eisenbrand, G., Metzler, M. : Toxikologie für Chemiker. Stuttgart, New York, Georg Thieme Verlag 1994

Fent, Karl.: Ökotoxikologie. Georg Thieme Verlag 1998

Forth, W., Henschler, D., Rummel, W., Starke, K. : Allgemeine und Spezielle Pharmakologie und Toxikologie. 7. Aufl. Spektrum Akademischer Verlag 1996

Ganong, W.F. : Lehrbuch der Medizinischen Physiologie. 4. Aufl. Berlin, Heidelberg, New York: Springer-Verlag 1979

Goldstein, A., Aronow, L., Kalman, S.M. : Principles of Drug Action. 2nd Edition. New York, London, Sydney, Toronto: J. Wiley & Sons 1974

Greim, H., Deml, E.: Toxikologie VCH Weinheim New York Basel Cambridge Tokyo 1996

Höber, Rudolf : Physikalische Chemie der Zelle und der Gewebe. 6. Aufl. Leipzig: Verlag von Wilhelm Engelmann 1926

Klimmek, R., Szinicz, L., Weger, N. : Chemische Gifte und Kampfstoffe. Stuttgart: Hippokrates 1983

Kuschinsky, G., Lüllmann, H. : Kurzes Lehrbuch der Pharmakologie und Toxikologie. 13. Aufl. Stuttgart, New York: Georg Thieme Verlag 1993

Levin, Louis : Die Gifte in der Weltgeschichte. 2. Aufl. Hildesheim: Gerstenberg 1983

Luckey, T.D., Venugopal, B. : Metal Toxicity in Mammals I. New York, London: Plenum Press 1977

Marquardt, H., Schäfer, S.G. : Lehrbuch der Toxikologie. Mannheim, Leipzig, Wien, Zürich: B.I. Wissenschaftsverlag 1994

Merian, E. : Metalle in der Umwelt. Weinheim: Verlag Chemie 1984

Moeschlin, Sven : Klinik und Therapie der Vergiftungen. 7. Aufl. Stuttgart: Georg Thieme Verlag 1986

Mutschler, Ernst : Arzneimittelwirkungen. 7. Aufl. Stuttgart: Wissenschaftliche Verlagsgesellschaft mbH 1996

Oehlmann, J., Markert, B.: Humantoxikologie Wissenschaftliche Verlagsgesellschaft mbH Stuttgart 1997

Reichl, F.-X., Taschenatlas der Toxikologie Georg Thieme Verlag Stuttgart New York 1997

Rietbrock, N., Staib, A.H., Loew, D. : Klinische Pharmakologie. 3. Aufl. Darmstadt: Steinkopff Verlag 1996

Rote Liste 1998: Arzneimittelverzeichnis BPI, VFA, BAH und VAP mit Informationszentren für Vergiftungsfälle Aulendorf/Württ.: ECV Editio Cantor

Speckmann, J., Wittkowski, W.: Bau und Funktion des menschlichen Körpers. 19. Aufl. München-Berlin: Urban und Schwarzenberg 1996

Stein, W.D.: Transport and Diffusion across Cell Membranes. San Diego, New York, Berkeley, Boston, Sydney, Toronto: Academic Press, Inc.1986

Steinhausen, M. : Medizinische Physiologie.
4. Aufl. München: J.F. Bergmann Verlag 1996

Stryer, Lubert : Biochemistry. Fourth Edition.
New York: W.H. Freeman and Company 1995

Strubelt, O.: Gifte in Natur und Umwelt. Stuttgart: Spektrum 1996

Timbrell, J.A.: Introduction to Toxicology. Second Edition
London, New York, Philadelphia: Taylor & Francis 1995

Voet, D., Voet, J.G. : Biochemie. Weinheim, New York, Basel, Cambridge: VCH Verlagsgesellschaft 1992

Wirth, W., Gloxhuber, Ch., : Toxikologie. 5. Aufl., Thieme Verlag 1994

7 Literatur zum Gefahrstoffrecht

Beck-Texte: Umwelt-Recht, Wichtige Gesetze und Verordnungen
zum Schutz der Umwelt, 11. Auflage: Deutscher Taschenbuchverlag, dtv 1998

Bender, H. F.: Sicherer Umgang mit Gefahrstoffen
VCH 1995

Bliefert, C.: Umweltchemie.
Weinheim: VCH 1994

Bundesministerium für Umwelt, Naturschutz und Reaktorssicherheit
Hrsg., *10 Jahre Chemikaliengesetzt - Bilanz und Perspektiven*, Bonn 1992

DFG Deutsche Forschungsgemeinschaft: MAK- und BAT-Werte-Liste 1998.
Maximale Arbeitsplatzkonzentrationen und Biologische Arbeits-
stofftoleranzwerte (Senatskommision zur Prüfung gesundheitsgefährlicher
Arbeitsstoffe, Mitteilung 34) Wiley-VCH 1998

Rinze, P.: Ausgewählte Rechtsgebiete für Chemiker und Naturwissenschaftler,
GIT Fachz Lab. 6: 676-679, 1992

Roth, L., Daunderer, M.: "Giftliste", Loseblatt 62. Ergänzungslieferung
Landsberg: Ecomed 1995

8 Stichwortverzeichnis